今日からモノ知りシリーズ
トコトンやさしい
めっきの本

榎本英彦

めっきの歴史は古い。奈良の大仏は創建当時、金めっきされ黄金に輝いていた。現在、ミクロンオーダの精密めっきも行われ、先端ではコンピュータのプリント配線板、化粧品のパウダーの一粒一粒にもめっきできる。めっきはハイテクを支える"縁の下の力持"である。

B&Tブックス
日刊工業新聞社

はじめに

めっきは公害の元凶である、めっきがはげるなどあまりよいイメージを持たれていません。ネックレス、イヤリングなどの装身具のめっきはわかりやすいのですが、コンピュータ、携帯電話などの製品をつくるために、めっき技術が駆使されていることは外から見てもわからないためです。めっきは表面を美しくする装飾的な用途や材料をサビから守る防食的な用途に主に用いられているのは、もちろんですが、近年、電子部品上へのめっきのように機能的な用途のめっきが増加してきました。

装飾めっきとしては、銅→ニッケル→クロムめっき、二重ニッケル→クロムめっきなどが自動車、自転車、オートバイなどに施されていましたが、素材の転換、塗装の採用などの因子で装飾めっきの加工量が大幅に減少してきました。10年前の自動車と現在生産されている自動車を比べると装飾目的のめっきがかなり減っていることが分かります。これは、最外層のクロムめっきが優れためっき法ですが、常に外観が同じであるためあきられてきたことも、一因です。

最近、多様化の要望により、新しい外観のスズ-ニッケル合金めっきなどがクロムめっきに変わって用いられるようになってきました。

防食的な用途に用いられるめっきとしては亜鉛めっきがあります。亜鉛めっきの耐食性向上への要望がますます強くなり、光沢クロメート処理よりも耐食性の優れている有色クロメート

処理される割合が多くなってきました。しかし、クロメート処理した皮膜中に六価クロムが含まれているため、環境面から六価クロムを用いない三価クロム化成皮膜が用いられるようになってきました。自動車用のめっきの耐食性がさらに要望されるようになり、亜鉛-鉄、亜鉛-ニッケル、スズ-亜鉛などの合金めっきが耐食性を向上させるために用いられています。

機能的なめっきとしては、従来から用いられている工業用クロムめっきと、電子部品のめっきが中心です。工業用クロムめっきはロール、シリンダーのような摩耗の激しい部分に耐摩耗性を向上させるために施されています。電子部品は機能めっきの代表的な適用分野です。とりわけ、先端技術として最も注目を浴びているコンピュータを例に、めっき技術の適用例を紹介します。コンピュータに欠くことのできないプリント配線板は無電解めっきと電気めっきの特性をみごとに利用した製品です。最近、より集積度を増し、高密度化した配線板を製造するために無電解ニッケルめっきを用いたフレキシブルプリント配線板も多く製造されています。そのプリント配線板の上に搭載されるICの製造にも多くのめっき技術が利用されています。半導体デバイスの配線材料を従来のアルミニウムから、銅めっきを用いたダマシン法と呼ばれる方法でめっきが用いられるようになってきました。その半導体チップを乗せるリードフレームは、まず、ボンディング性をよくするために銀めっき、あるいは金めっきを行い、パッケージした後配線板とのはんだ付け性をよくするために、はんだめっきされています。セラミック上に無電解ニッケルめっきしたチップ抵抗やチップコ

ンデンサもやはりプリント配線板に乗せられています。また、プリント配線板と本体と接続する接点には金めっきが適用されています。さらに、ノートパソコンなどの筐体には、電磁波シールドをする目的で、無電解ニッケルめっき、無電解銅めっきが行われています。このようにコンピュータには数多くのめっき技術が利用されており、高密度化、低価格化を図り、高信頼性を得るためにめっき技術が活躍しています。したがって、めっき技術は、先端技術を支える要素技術であるといえます。

さて、このようなめっき技術ですが、数年前までは、めっきを発注するメーカーには、めっきのことをよく知っている担当者がいて、的確な仕様と設計をされていました。ところが、最近は各製造メーカーにめっきのことをよく知っている技術者が少なくなってきました。また、めっき専業者内でも、めっき装置の自動化が進み、ハンドリングは分かるが基礎的なめっきの知識のない従業員が多くなってきました。本書は、このような方々を対象にめっきのことをわかりやすく解説しました。本書がめっきを発注する方々にめっきを理解していただき、現場の作業者に基礎的なめっきの知識を持っていただくために役立つことができれば幸いです。

2006年8月

著者

目次 CONTENTS

第1章 めっきのいろは

1 「めっき」とはいったい何語「めっきはれっきとした日本語です」...... 10
2 めっきのルーツ「古くから行われていためっき」...... 12
3 めっきは大きく分けて3つに「めっきの分類」...... 14
4 めっきが利用されるわけ「めっきの利点」...... 16
5 めっきは大きなものから小さなものまで「めっきの適用範囲」...... 18

第2章 めっきの種類

6 どうして電気でめっきできるの「電気めっき」...... 22
7 電気を使わないめっき「無電解めっき」...... 24
8 現在の錬金術「合金めっき」...... 26
9 粒子を取り込むめっき法「複合めっき」...... 28
10 ぴかぴかのめっき「装飾めっき」...... 30
11 外観もいろいろ「多種多彩な装飾用途」...... 32
12 めっきで鉄をさびからまもる「防食めっき」...... 34
13 めっき皮膜の性質を利用「機能めっき」...... 36
14 めっきには引っ掛け治具が使われる「静止めっき」...... 38

第3章 めっきはどのようなところに使われるのか

- 15 めっきは線や条へもできる「フープめっき」 ……… 40
- 16 小物にめっきする方法「バレルめっき」 ……… 42
- 17 めっきがなければコンピュータは動かない「コンピュータの内部はめっきで接続」 ……… 46
- 18 電子部品はめっきがきめて「電子部品の接続をよくする」 ……… 48
- 19 プリント配線板へのめっき「細密パターンを形成するめっき技術」 ……… 50
- 20 プリント配線板の表と裏をつなぐめっき「スルーホールへのめっき」 ……… 52
- 21 ICとめっき技術「ICにもめっき」 ……… 54
- 22 ぴっかぴかの自動車「自動車用装飾めっき」 ……… 56
- 23 自動車をさびにくくする「自動車用防食めっき」 ……… 58
- 24 自動車部品の機能を向上させるために「自動車用機能めっき」 ……… 60
- 25 家庭用品とめっき「水回りのめっき」 ……… 62
- 26 機械部品の耐摩耗性の向上「工業用めっき」 ……… 64

第4章 主なめっきとめっき浴

- 27 電気伝導性のよい銅めっき「銅めっきの役割」 ……… 68
- 28 光沢と性質のすぐれた硫酸銅めっき「プラスチック上へのめっきからプリント配線板まで」 ……… 70

第5章 めっきと前処理

29 ニッケルめっきは縁の下の力持ち「下地めっきとしてのニッケル」……72
30 光沢ニッケルめっきと二重ニッケルめっき「二重にして耐食性の向上」……74
31 薄い皮膜で抜群の耐食性「外観が美しいクロムめっき」……76
32 硬さの高い工業用クロムめっき「耐摩耗性の優れためっき」……78
33 鉄をまもる亜鉛めっき「亜鉛めっきの役割」……80
34 亜鉛の白さびを防ぐ処理「亜鉛めっきの化成処理」……82
35 ひげが心配スズめっき「スズめっきのウイスカ対策」……84
36 酸性浴からのスズめっき「半光沢スズめっきが増加」……86
37 不変の輝き金めっき「やはり金めっき」……88
38 白い光沢銀めっき「電気伝導性のよい銀めっき」……90
39 増え続ける無電解ニッケルめっき「無電解ニッケルめっきの利点」……92
40 用途の広い無電解ニッケル—りんめっき「皮膜中のりんがきめて」……94
41 無電解銅めっき「プリント配線板のスルーホールめっき」……96

42 めっきは前処理で決まる「密着不良は前処理不良」……100
43 効果的な脱脂「油脂類を完全に取り去る」……102
44 何のために酸処理をするのか「酸処理の目的」……104
45 鉄鋼材料の効果的な酸処理「さびを取り除く方法」……106

第6章 めっきの理論とめっき皮膜の耐食性

- 46 特殊鋼にめっきするには「特殊な鉄の処理法」 …… 108
- 47 銅および銅合金へのめっき「銅材の前処理法」 …… 110
- 48 アルミニウムおよびアルミニウム合金へのめっき「ジンケート処理」 …… 112
- 49 プラスチック上へのめっき「プラスチックの金属化」 …… 114
- 50 ABS樹脂上へのめっき「めっきに最適ABS樹脂」 …… 116
- 51 セラミックス上へのめっき「セラミックスの金属化」 …… 118

- 52 めっきの理論「電気めっきのつくわけ」 …… 122
- 53 イオン化傾向と酸化還元電位「めっきのつきやすさ」 …… 124
- 54 二重ニッケルめっきの耐食性「電位の異なる層による耐食性の向上」 …… 126
- 55 なぜクラックが多いと耐食性がよいのか「マイクロポーラスクロムめっき」 …… 128

第7章 環境に配慮しためっき

- 56 環境に配慮しためっき技術「めっきは環境にやさしい」 …… 132
- 57 RoHSとELV「ヨーロッパの規制」 …… 134
- 58 鉛フリーはんだめっき「鉛フリーめっき技術」 …… 136
- 59 六価クロム対策「六価クロム代替技術」 …… 138

第8章 これからのめっき技術

- 60 めっきは精密加工「めっき発注の際の注意事項」……142
- 61 外観のみでは判断できない「めっき製品を設計するために」……144
- 62 徹底した品質管理「優れた品質の工場に仕事が集中」……146
- 63 積極的な技術開発「ニーズに対応した技術」……148
- 64 精密電鋳「めっきを利用したものづくり」……150
- 65 さらに広がるめっきの世界「未来を拓くめっき技術」……152

【コラム】
- ●勝ち組めっき業の共通点……20
- ●低調なめっき業の共通点……44
- ●被覆力と均一電着性……66
- ●ピットとピンホール……98
- ●レベリング作用……120
- ●引張応力と圧縮応力……130
- ●人手と人材(人財)の確保……140
- ●めっき業の研究開発……154

●索引……158

第 1 章
めっきのいろは

1 「めっき」とはいったい何語

めっきはれっきとした日本語です

新聞などには、めっきのことを片仮名でメッキと記されているので外来語と思われている方が多いのではないでしょうか？実は、めっきはれっきとした日本語なのです。昔々、奈良の大仏さまは金めっきされていましたが、これは、「滅金（めっきん）」と記され、青銅上に金と水銀の合金（金アマルガム）を表面にぬり、加熱して水銀を蒸発させて、金を青銅上に固着させた方法からきている言葉なのです。滅金が次第にめっきとなりました。したがって、新聞などに記されているメッキは正しくなく、漢字の鍍金は当用漢字にないので、表面技術誌などに用いられる学術用語でも、平仮名の「めっき」が使われています。

さて、めっきを辞典（新選国語辞典、小学館）で調べますと、「①金属の表面に、金、銀、クロム、ニッケルなどの薄い層をかぶせること、またはかぶせた物、②中身の悪いものを隠すため、表面をかざること、また、そのもの。てんぷら。」と記述されています。さらに、めっきがはげるの項では、「外側のみせかけがとれて、よくない中身があらわれる。」と記されています。

昭和34年に初版が刊行されており、当時めっきはそのように理解されていたものと思われますが、最近刊行されている辞典でも、似たりよったりであまり変わっておりません。とにかく、めっきは①の説明でも現時点では、不正確です。めっきはプラスチック上にめっきされて、自動車部品などに多く用いられています。また、セラミックス、ガラス、繊維などにもめっきされて、電子部品などに多く用いられています。正しくは「①金属などの表面…」と訂正すべきです。この部分はめっきの進歩により適用範囲がひろがったものですので、まだ、許されますが、②の表現は許すことができません。めっきは中身の悪いものを隠すのではありません。また、めっきがはげるという言葉も言語道断です。現在行われているめっきは、はがそうと思っても容易にはがれないくらい密着性がすぐれています。

要点BOX
- めっきは日本古来のことば
- めっきは表面をかざるだけではない
- めっきははげない

"めっき"は日本語

金を滅する
↓
めっきん
↓
めっき

- 金塗 → 金アマルガムのこと。古代では材料としていた
- 塗 → はトとよむ（ぬるともいう）
- 金塗 → キン ト
- 塗金 → ト キン

東大寺古文書に……金を塗り奉るとある
金をもって鍍（かざ）る

塗／鍍 金 → 鍍金 となる

- 滅金 〜 メッキン 〜 メッキ(ン) 〜 めっき となる
- 鍍金

めっきとは…辞典によると…
① 金属の表面に…
② 中身の悪いものを隠すため…
③ めっきがはげる

現在の真の姿
① プラスチック、セラミックス、ガラス、繊維、紙など非金属にもできる
② オリンピックの金、銀、メダルもめっき
③ めっきは容易にはげない

用語解説

めっき：金属または非金属製品の表面に、金属の薄い皮膜をかぶせる技術。

● 第1章　めっきのいろは

2 めっきのルーツ

古くから行われていためっき

めっきは、メソポタミヤ北部で、紀元前1500年ころにすでに行われており、鉄器にスズめっき技術が用いられていたといわれています。古代エジプト、中国、わが国の古墳時代の出土品には、貴金属を用いた装飾品が多く見られます。これらは、すべて金アマルガム法（金と水銀の合金）によってめっきされたものです。古代のめっきは装飾品や副葬品などの小物に多く適用されていましたが、日本の東大寺の大仏に金アマルガム法でめっきされたものが最大の規模であるといわれています。東大寺要録には、金146キログラム、水銀820キログラム使用して、金アマルガムを大仏に塗布して、大仏を過熱し、水銀を蒸発させて黄金の大仏を作成していました。水銀の蒸発による公害のため、多くの人々が犠牲になったのではないかと推測されます。

現在のめっきは、18世紀から19世紀に電気化学上の多くの発明がなされ、発展したといわれています。1800年には、イタリヤの物理学者ボルタにより、ボルタ電池が発明され、1833年にはファラデーによりファラデーの法則が見出され、エルキントンにより浸漬法による金めっきが開発されました。電解法によるめっきは1838年ヤコブにより初めて行われました。

わが国で初めて電気めっきを行ったのは薩摩藩の島津斉彬公で、安政2年（1855年）ダニエル電池を用いて金、銀めっきを行ったとされています。幕末に梁瀬某が江戸日本橋で、電気めっき業をはじめたのが、めっき業のはじまりとされており、明治3年（1870年）に東京のめっき業者が3名になったといわれています。当時電気めっきをガルバニめっきまたは和蘭めっきオランダと呼び、きせる、装身具などに金、銀めっきされていました。明治25年（1892年）宮川由多加により、ニッケルめっきがはじめて工業化され、本格的なめっき工場として創業され、明治35年ころには、従業員100名を超える工場になったそうです。このように、めっきは古くから行われています。

要点BOX
- ●紀元前1500年頃スズめっき
- ●エルキントンが金めっき
- ●日本では島津斉彬がはじめて

めっきのルーツ

1500年	メソポタミヤ北部で鉄器にスズめっき
紀元0年	この間水銀法（水銀のアマルガム）による仏具・馬具などが古代エジプト・中国などで行われていた
752	東大寺の大仏に金アマルガム法により金めっき

1800	ボルタ電池を発明
1833	エルキントンによる金めっき
1855	島津斉彬が甲冑製品に金・銀めっき
1892	宮川由多加がニッケルめっきを工業化
1952	光沢ニッケルめっきの開発
1965	プラスチックへのめっき普及

3 めっきは大きく分けて3つに

めっきは大きく分けて水溶液からめっきする湿式めっき法と、真空状態にして、金属を蒸発させて製品に付着させる乾式めっき、および溶かした金属の中に製品を浸漬する溶融めっき法があります。

湿式めっき法には、電気めっき、無電解めっき、置換めっきなどがあります。一方、乾式めっき法には真空蒸着、イオンプレーティング、スパッタリングなどがあります。溶融めっき法には、溶融亜鉛めっき、溶融スズめっき、などがあります。本書で取り扱うめっきは、主に湿式めっきであり、断りのない限り、めっきが多く式めっきを指すことにします。現在まで、めっきが多く使われているのは、以下に示すような利点があるからです。

まず、高価な金属を節約できる、省資源的技術です。めっきは数ミクロンから数十ミクロンの厚さで素材を腐食から守ることや、装飾性を付与することができます。例えば、自動車のバンパーには、鉄素材の上にニッケルめっき、クロムめっきがされており、長期間鉄をさびにくくしています。一方、ステンレスもさびにくい合金として多くの部品に使用されています。鉄素材にニッケル20ミクロン、クロム0.2ミクロンめっきした場合とステンレスのSUS304とを、この両者を金属の使用割合で比較して見ますと、めっきの場合には鉄/ニッケル/クロムの比率は96/4/0・04であり、一方、ステンレスの場合は74/8/18となります。したがって、高価なニッケル、クロムを節約でき、大変経済的であるといえます。ニッケル、クロムより高価な材料である金、銀めっきになるとめっきの経済性がより明らかになります。

新しい技術開発はその材料の特性に左右されます。材料自身が柔らかく、しかも表面の硬さが必要である場合のように相反する特性が要求されると、めっきが活躍します。表面が硬く、内面が柔らかいもの、逆に表面が柔らかく、内面が硬いものも容易につくることができます。

要点BOX
- 電気めっき、無電解めっきなどの湿式めっき
- 真空蒸着、スパッタリングなどの乾式めっき
- トタン、ブリキなどの溶融めっき

めっきの分類

めっきの分類

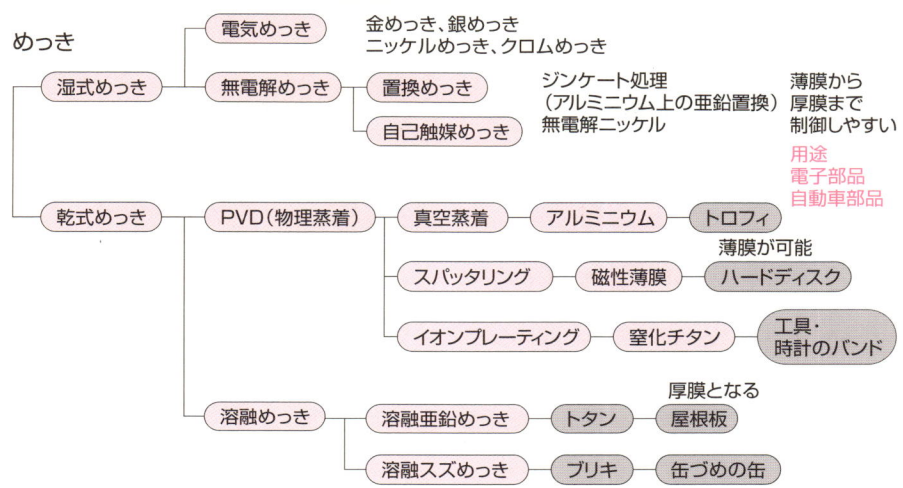

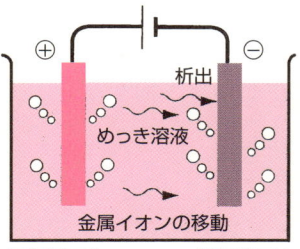

湿式めっきの電気めっき
めっきしたい金属を⊖にして、めっきする金属を⊕にして電気分解すると溶液中の金属イオンが電気エネルギーで還元されて陰極にめっきが析出する。

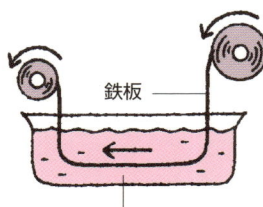

溶融めっき
亜鉛、スズなどの金属を溶かした中に鉄板などをくぐらせて、その表面に付着させる方法。亜鉛めっきした板を「トタン」、またスズめっきした板を「ブリキ」と呼んでいる。

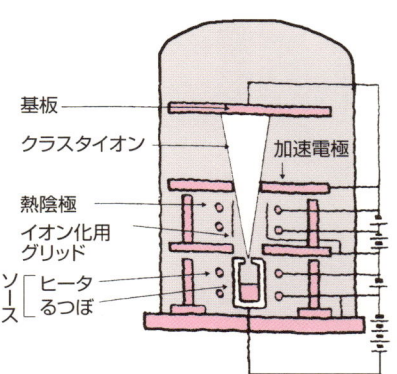

イオンプレーティング
真空蒸着はめっきしたい製品にめっきする金属を真空器内で蒸発させ付着させる。イオンプレーティングではめっきしたい製品に電気を通じ、真空蒸着により均一に析出させる方法である。

●第1章　めっきのいろは

4 めっきが利用されるわけ

めっきの利点

めっきの利点は、機能的な性質を付与できることにあります。最近、多く使用されているエレクトロニクス関連のめっきは、はんだ付け性、電気抵抗、接触抵抗、磁気特性、耐食性、耐摩耗性など多くの機能を持たせるためにめっきされています。また、機械、自動車、船舶、航空機などに要求される多くの特性を与える、言いかえれば、材料表面を高機能化する技術としてめっきが注目されています。

さらに、めっきはあらゆる素材に適用できます。鉄、銅、アルミニウム、亜鉛ダイカストなどの金属材料から、プラスチック、エンジニアリングプラスチック、セラミックス、繊維、紙、粉末など非導電性材料まで、幅広い素材に対して適用できます。また、めっき皮膜の厚さの制御が容易（薄膜から厚膜まで得られます）です。

電気めっきの場合には、電流密度と時間により、また、無電解めっきの場合には時間と温度によりめっき厚さを自由に変えることができます。スパッタリングのような真空系のめっきは厚膜が得にくく、溶融めっきは薄膜が得にくいのが欠点です。コピー機のシャフトなどは、めっきにより寸法精度を調整することが、行われている場合もあります。さらに、めっきはめっき皮膜を形成する速度が速いことも優れた点です。

無電解めっきの場合は化学的に還元するために、比較的析出速度が遅く、1時間あたり15〜20ミクロンですが、電気めっきの場合には、1時間あたり50〜100ミクロンの厚さが可能です。もちろん、電流の強さにもよりますが、装置を工夫することにより、さらに析出速度を速くすることもできます。また、得られためっき皮膜が均一であり、品質の安定性が高いということも大きな特徴のひとつです。得られる皮膜が均一で、ばらつきが少ないということもものづくりする場合には、大変重要な特性で、めっきが広い用途に用いられる理由です。

要点BOX
- ●あらゆる素材にめっきは可能
- ●めっきは厚さを自由にコントロールできる
- ●めっき皮膜形成速度が速い

素材／めっき方法と付与機能

あらゆる素材に、いろんな機能を付与できる

素材	めっき方法	付与する機能	応用例
プラスチック	無電解めっき→電気めっき	汚染性の向上 耐候性の向上 金属感を与える	自動車の フロントグリル
セラミックス	無電解めっき→電気めっき	はんだ付け性の向上 導電性の付与	チップ抵抗 プリント配線板
金属材料	電気めっき	耐食性の向上 はんだ付け性の向上 ボンディング性の向上	自動車部品 ICのリード フレーム
繊維	無電解めっき	導電性 抗菌性	靴下への めっき （水虫防止用）
紙	無電解めっき	導電性	導電紙

金属だけでなく、プラスチック、紙、繊維にもめっきできる

● 第1章 めっきのいろは

5 めっきは大きなものから小さなものまで

めっき装置を選択することにより、大きな製品から、小さな製品までめっきできます。例えば、大きな製品として、製紙用ロールは、直径3メートルくらいの大きさの製紙ロールには、クロムめっきされています。一方、小さな製品は、0.1ミクロンくらいのナイロン球の粉末に銀めっきされ、化粧品などに応用されています。

また、電気めっきでは、電流分布の影響があり、一つの製品のめっき厚さのバラツキが多少ありますが、無電解ニッケルめっきでは、複雑な形状のものにも均一にめっきができます。40項(94頁)に一例として、ねじを切断して、断面を顕微鏡により観察した写真を示します。写真からねじの山と谷にみごとに均一にめっきされていることがわかります。とくに、無電解めっきはこの特性が優れており、めっきにより、寸法を調整している事例もあります。

さらに、めっき方法を選択することにより、部分めっきができます。めっき方法の選択やマスキング方法により必要な部分のみめっきできます。このような必要な部分のみめっきする方法が工業的にこのような必要な部分のみめっきする方法が工業的に広く採用されています。リードフレームの銀めっきやプリント配線板の端子の金めっきには広く採用されています。

また、めっき浴の選択と添加剤の選択により光沢、半光沢、無光沢の表面が得られます。このような添加剤が開発されていない当時は、機械的に研磨して、光沢仕上げしていましたが、めっき浴の選択と添加剤の選択により、自由に望む表面状態のめっきが得られるようになり、生産性が飛躍的に向上しました。最近では、なし地状の外観を有するめっきやパール調、ビロード調の外観を得る方法も開発され、サンドブラスト、ショットブラストなどでなし地状の外観を得る方法にとって代わるようになりました。サンドブラストやショットブラストでは、品物一つずつ加工しなければなりませんが、このような方法でめっきすると、一度に大量に同じ仕上げを行うことができます。

めっきの適用範囲

要点BOX
- ●複雑な形状にも均一にめっき
- ●部分めっきが可能
- ●光沢・半光沢などの外観が得られる

めっきの適用範囲

めっきは大きいものから小さなものまでめっきできる

形状	製品	めっき法	特徴・性能
大型	φ3mくらいのロール 自動車用亜鉛めっき鋼板	浸漬して電気めっき 連続めっきによる 亜鉛めっき	耐摩耗性の付与 硬さを硬くする 耐食性の向上
中型	自転車のハンドル 水栓金具	ニッケル－クロムめっき ニッケル－クロムめっき	装飾性と耐食性の向上 装飾性・耐食性・ 耐摩耗性の向上
小型	ボルト・ナット 電気製品のツマミ	亜鉛めっき＋ クロメート処理 プラスチック上に ニッケル－合金めっき	耐食性の向上 美観の付与、防汚性
微細品	化粧品のナイロン球への めっき(0.1μm) ポリステレン樹脂球への めっき(0.01μm)	銀めっき 銅めっき	化粧品のクリームに入れ、 紫外線を防止する はんだ付け性、 導電性の付与

めっきは大きいものからちいさな ものまでめっきできる

工業用(硬質)クロムめっき
(クーリングロール)

めっき浴槽(横から見た図)
ロールめっきする

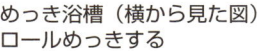
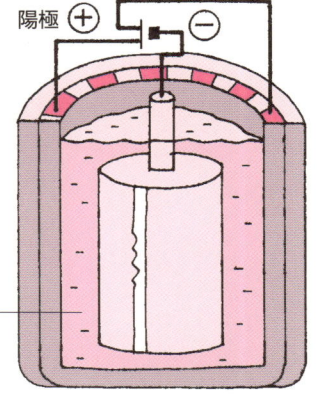

用語解説

サンドブラスト：噴射加工の一種で、砂を噴射して表面をあらす手法。
ショットブラスト：噴射加工の一種でガラスビーズや鉄粉を噴射して表面をあらす手法。

Column

勝ち組めっき業の共通点

これまで、巡回技術指導や工場見学を通じて、内外の多くのめっき専業工場を見学させていただき、勝ち組みのめっき工場に共通点があることがわかりました。その共通点を考えてみます。

① 経営者の経営意識が高いことです。中小企業は経営者で決まるとよくいわれます。めっき業も同じで、めっき業が成長を遂げられるかどうかは経営者の経営戦略によるところが大きいと思います。

創業者である経営者は比較的経営感覚も優れ積極的ですが、二代目、三代目の経営者は守ろうとする意識が強く、環境変化に対応できないケースが多いのではないかと思います。

② 技術的な対応ができる参謀がいることです。経営と技術の両方をカバーできる経営者が少なく、経営的感覚に優れた経営者には必ず技術内容をフォローできる参謀が必要です。優れた技術参謀のいる会社が発展しています。

③ 顧客のニーズをつかみ、対応できていることです。そのためには、技術的な内容のわかった営業員をおき、客先のニーズに対応しています。営業員が探してきた顧客ニーズに対しタイミングを逃さないようにできるだけ速く技術開発をしなければなりません。同じ開発の仕事が複数のめっき専業者に依頼しているケースも多く、一番速く対応できたところに発注される傾向です。

④ 徹底的に品質にこだわり、クレームの多い客を大切にするところが好調です。ISO9000あるいは、シックスシグマなど、めっきを発注する企業が品質管理に力をいれるようになってきました。また、製造物責任法などにより、不良品を作ると、企業存続が難しくなってきました。したがって、PPM管理（不良を百万個に一つ以下にする）ができるようなめっき専業者でないと、相手にされなくなってきました。

⑤ 独自技術を持っていることです。めっき業は薬品サプライヤーが開発しためっき液を用い、自動めっき装置を作るメーカーの装置を使用して、めっき加工しています。これらは、めっき加工しようと思うとだれでも容易に手に入ります。したがって、独自の技術を持つことが必要です。微細な粒子にめっきをすることや、2～3ミリメートル径の穴の内面にめっきするなど他の工場では難しい課題を解決することが必要です。

第2章 めっきの種類

6 どうして電気でめっきできるの

電気めっきは、めっき浴中にめっきしたい製品を陰極にして、めっきする金属を陽極にして（不溶性の陽極を使用する場合もあります）電気エネルギーにより、溶液中の金属イオンを金属として、還元する方法です。

めっき浴の構成成分を、ニッケルめっきを例にして示します。ニッケルめっきには、硫酸ニッケル、塩化ニッケル、ホウ酸からなる溶液を使用します。このうち硫酸ニッケルは、溶液に溶解すると二ッケルイオンと硫酸イオンに解離します。このニッケルイオンが陰極で還元されてニッケルめっきになります。したがって、硫酸ニッケルはニッケルめっき液中の金属イオンの供給源になります。

塩化ニッケルは水に溶かすとニッケルイオンと塩化物イオンになります。硫酸イオンだけでは陽極のニッケルを溶解させることが難しいので陽極を溶解させるために塩化物イオンを持つ、塩化ニッケルを使用するためにニッケルには、ニッケルイオンも塩化物イオンもあ

りますので、塩化ニッケルだけで、めっき浴を作ることができるのではないかと思われるかもしれません。ところが、塩化物イオンが多くなるとめっき皮膜に引張応力という素地から離れようとする応力が大きくなるので陽極を溶解させるために必要最小限な量にとどめています。めっき浴中のホウ酸ですが、ホウ酸はめっき浴のpHの変動を少なくするために用いられています。

このようにめっき浴には金属イオンの供給源、電気伝導性を付与する薬品、pHの緩衝剤、陽極溶解剤などの目的で薬品を混合しています。また、めっき表面の外観に光沢を付与する目的で光沢剤、半光沢の外観を得る目的でレベリング剤、ピットを防止する目的でピット防止剤などが用いられています。

電気めっきとして、銅→ニッケル→クロムめっきや金、銀めっきなどから、スズ―鉛合金めっき、ニッケル/テフロン複合めっきなども行われています。

要点BOX
- ●溶液中の金属イオンを電気エネルギーで還元
- ●陽極の溶解
- ●めっき浴の構成成分

電気めっきの原理

電気めっきは溶液中にとけている金属を電気エネルギーで還元する方法。ニッケルめっき、銅めっき、クロムめっき、金めっき、銀めっきなど多くの金属が電気めっきされている。

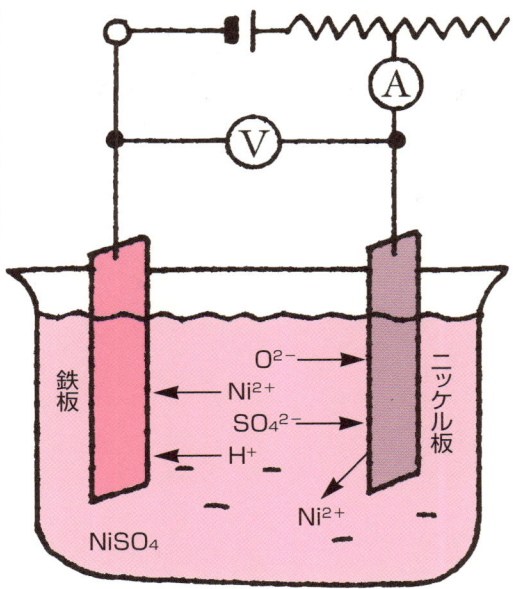

$$Ni^{2+} + 2e^- \longrightarrow Ni$$
イオン　　電子　　　　金属

ニッケルめっきを例にとって説明する。溶液中に溶けているニッケルイオンが電子をもらって陰極に析出する。陽極にはニッケル極板を使用し、その陽極のニッケルが溶解することにより、めっき浴の濃度が一定に保てる。なお、めっき浴としてニッケルめっきの場合、硫酸ニッケルと塩化ニッケル、ホウ酸を使用する。

硫酸ニッケルが溶液にとけると硫酸イオンとニッケルイオンになる。このニッケルが電気を流したときに析出する。塩化ニッケルは陽極を溶解させる働きをして、ホウ酸はpHを安定させる働きをする。

用語解説

ピット：電解中に水素ガスが付着して窪みができること。

● 第2章 めっきの種類

7 電気を使わないめっき

無電解めっき

電気エネルギーを使わずにめっきする方法を無電解めっきといいます。無電解めっきは大きく分けて、置換めっきと自己触媒めっきに分類されます。

置換めっきとは、イオン化傾向の大きな金属（電位の卑な金属）を、イオン化傾向の小さい金属イオンを含む溶液に浸漬するとイオン化傾向の大きい金属が溶解し、金属イオンとなり、電子を放出します。この電子がイオン化傾向の小さな金属を還元して、めっきが析出します。これを置換めっきといいます。例えば、硫酸銅溶液中に鉄を浸漬しますと銅が鉄上に析出します。この置換めっきは、銅で覆われるとそれ以上反応が進行しません。また、この反応速度は、イオン化傾向の差が大きいほど早くなります。

一方、自己触媒めっきは、溶液中の還元剤が触媒の存在下で酸化され、電子を放出します。この電子が溶液中の金属イオンを還元するのが、自己触媒めっきです。還元析出した金属が次々に触媒の働きをするた

め、自己触媒めっきと呼ばれます。例えば、ニッケルめっきでは、還元剤として、次亜りん酸塩が用いられます。この還元剤は、触媒となる金属（例えば、鉄）が存在すると、酸化され亜りん酸になり、電子を放出します。この放出された電子により、浴中のニッケルイオンが析出します。この析出したニッケルイオンが次亜りん酸塩の酸化のための触媒となり、次々にニッケルが析出します。

触媒のない状態では、反応が起こらず、触媒が存在して初めて析出反応が起こります。なお、触媒となる金属は還元剤により異なり、次亜りん酸塩の場合には、鉄、ニッケル、パラジウム、亜鉛（ニッケル）などが触媒となります。

銅、黄銅などの銅合金では触媒活性を示さないので、銅の上に、次亜りん酸塩を還元剤とする場合には、初期に通電したり、電気めっきにより、ストライクニッケルめっきします。

要点BOX
- ●置換めっき
- ●自己触媒めっき
- ●還元剤を用いるめっき

置換めっきと自己触媒めっき

電気を使わないめっきを無電解めっきと呼び、大きく分けて置換めっきと自己触媒めっきに分かれる

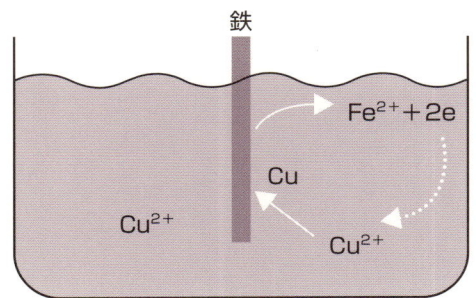

溶解
イオン化傾向大 → 鉄イオン＋電子
$$(Fe \rightarrow Fe^{2+} + 2e^-)$$
イオン化傾向の小さい金属イオン＋電子→金属（めっき）
$$(Cu^{2+} + 2e^- \rightarrow Cu)$$

置換めっき

鉄を硫酸銅の溶液に浸漬したとき、銅よりイオンになりやすい鉄（イオン化傾向が大きい、電位が卑である）がイオンになって電子を放出し、その電子により銅が還元されて鉄上に銅めっきが析出する。

自己触媒めっき

還元剤が、触媒が存在するとき酸化され、そのときに電子を放出し、その電子により金属イオンが還元される。析出した金属が触媒になり次々に反応を進行させるので、自己触媒めっきと呼ぶ。
例えば、無電解ニッケルめっきでは、還元剤である次亜りん酸塩が鉄（めっきする製品）を浸漬したときに鉄が触媒となって、亜りん酸塩に酸化される。このとき電子を放出してニッケルイオンを還元して、ニッケル金属（めっき）となる。この析出したニッケルが次々にニッケルイオンを還元する触媒となる。

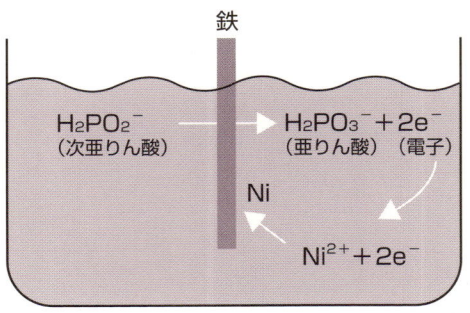

触媒
$$還元剤 \rightarrow 酸化生成物 + 電子$$

ニッケル、鉄
$$H_2PO_2^- \rightarrow H_2PO_3^- + 電子$$
次亜りん酸　亜りん酸

$$Ni^{2+} + 2e^- \rightarrow Ni$$

8 現在の錬金術

合金めっき

昔、科学者が金属を金に変える研究を行っていました。銅と亜鉛の合金めっきは金色をしていますので、金めっきの代用として装飾用に、とくに照明器具、建築金物などに多く使われています。したがって、合金めっきは現在の錬金術といえます。

通常、めっき浴には単一の金属が溶解されていますが、2種以上の金属イオンをめっき浴中に溶解させると、析出電位が似通った金属の場合には、合金めっきとして析出します。この析出電位とは、金属の還元のしやすさを標準水素電極で、測定したものを指します。したがって、酸化還元電位ともいわれます。左頁の表に主な金属の酸化還元電位を示します。例えば、ニッケル（ナマイ0・23V）とコバルト（ナマイ0・27V）の場合には、析出電位が似通っているため、容易に合金めっきとして、析出します。はんだめっきもスズ（ナマイ0・14V）と鉛（ナマイ0・13V）は析出電位が近接していますので、酸性浴から合金めっきとして得られます。

ところが、銅（スプラ0・34V）と亜鉛（ナマイ0・76V）のように析出電位が大きく離れているような金属では、析出しやすい銅ばかり析出して、合金めっきを得ることができません。銅と亜鉛の合金めっきを得るためには、シアン化合物のような錯化剤を溶液中に添加して、銅の析出電位と亜鉛の析出電位を近接させ、合金めっきとして析出させています。酸性浴では、銅と亜鉛の電位の差が1.1ボルトありますが、シアン化合物を用いたためつき浴では銅と亜鉛の電位の差が0.4ボルトになります。ちなみに、このように電位の差がある金属の合金めっきは、錯化剤、有機化合物の添加などにより両者の析出電位を近接させて、合金めっきを得ています。

現在、装飾用としては、スズーニッケル、スズーコバルト合金めっきなど、防食用としては、亜鉛ー鉄、亜鉛ーニッケル、スズー亜鉛合金めっき、機能用としては、はんだめっき（スズー鉛）、スズービスマス、スズー銀合金めっきが用いられています。

要点BOX
- 電位が接近していると合金めっきができる
- 錯化剤により電位を近接させる
- 黄銅めっきは金めっきの代わりに

主な金属の酸化還元電位

二つ以上の金属が同時に析出するのを合金めっきという。表のニッケルとコバルトやスズと鉛のように析出電位が接近している金属は酸性浴でも容易に合金めっきできる。

イオン化傾向

素材	元素記号	素材
リチウム	Li	−3.045
カリウム	K	−2.925
カルシウム	Ca	−2.84
ナトリウム	Na	−2.714
マグネシウム	Mg	−2.356
アルミニウム	Al	−1.676
マンガン	Mn	−1.185
亜鉛	Zn	−0.763
クロム	Cr	−0.744
鉄	Fe	−0.44
カドミウム	Cd	−0.402
コバルト	Co	−0.27
ニッケル	Ni	−0.23
スズ	Sn	−0.14
鉛	Pb	−0.126
(水素)	(H)	0
銅	Cu	+0.34
水銀	Hg	+0.854
銀	Ag	+0.799
白金	Pt	+1.2
金	Au	+1.7

大←イオン化傾向→小

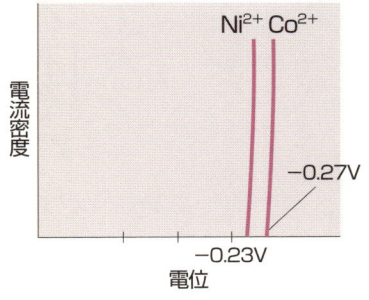

金属の酸化還元電位

銅と亜鉛は酸性浴では1.1V以上離れており、銅めっきしかできない。シアンを含むアルカリ溶液中では銅と亜鉛の電位差が0.4Vくらいに接近して黄金色の黄銅めっきが得られる。

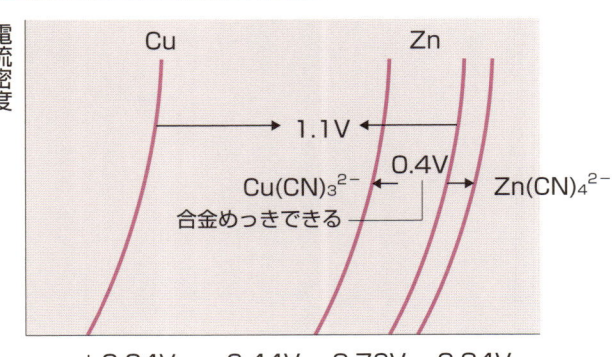

9 粒子を取り込むめっき法

複合めっき

複合めっきとは、めっき浴中に非伝導性粒子（伝導性のある粒子もある）などを懸濁させて、めっき皮膜中に取り込む手法です。ほこりっぽいところでめっきすると、めっき浴中に懸濁したほこりがめっき皮膜に取り込まれ、複合めっきされたことになります。

この皮膜はあまり優れた特性がないので、使用されていませんが、たとえば、PTFE（ポリテトラフルオロエチレン）の粒子をニッケルめっきに取り込ませた皮膜が、離型性がすぐれるという性質があるため、プラスチック成形用の金型に加工されています。また、非粘着性であることから、肉を切るブレードや、のこぎりの歯に使用されています。従来の歯に比べて、肉の場合は細切れにならず肉の歩留まりがよい、のこぎりの歯の場合はヤニがつきにくく、切削速度が速いなどの利点があります。

粒子を取り込むめっきは、マトリックスと呼ばれ、ニッケル、銅、亜鉛、金、銀、無電解ニッケルなどのめっきが一般的に用いられていますが、ニッケルめっきがマトリックスとして一番多く研究され、また、実用化されています。取り込まれる粒子は、SiO_2のような酸化物、SiCのような炭化物、PTFE、黒鉛、ダイヤモンド、界面活性剤など多岐にわたっています。

おもしろい応用事例では、装飾めっき用の用途に使われるビロード調、パール調の外観を持つめっき手法があります。これはニッケルめっきの浴温で界面活性剤を添加しておき、ニッケルめっきの浴温で界面活性剤が分解して曇点を示し、めっき浴中に懸濁します。その懸濁した界面活性剤がめっき皮膜に取り込まれ、微細なビロード調、あるいは真珠のようなパール調の外観が得られるめっきになります。また、工業用の用途では、ニッケルめっきにダイヤモンドを取り込み、シリコンウエハーのカッタや歯科用の歯を削る研削用針として、使用されています。このように複合めっきは、隠れたところで応用されています。

要点BOX
- めっき浴中の粒子を取り込む
- 離型性、非粘着性が得られる
- なし地調の外観が得られる

複合めっきの原理

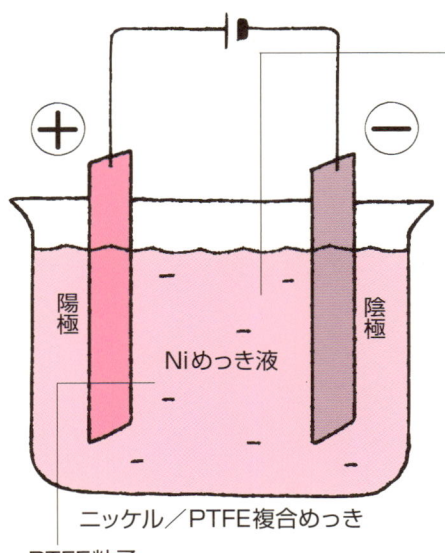

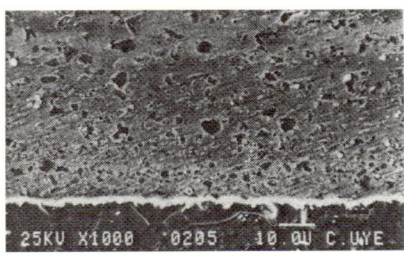

めっき皮膜中にPTFEが取り込まれる

めっき皮膜の断面

ニッケルめっき浴にテフロン粒子を分散させてめっきをすると、めっき皮膜中に粒子が取り込まれ、めっき皮膜に非粘着（くっつきにくい）性質を付与し、金型などに応用されている

代表的な複合めっき

複合めっきした表面

めっき皮膜	分散させる粒子	特長	製品
ニッケルめっき ニッケルめっき 銅めっき	PTFE アルミナ 黒鉛	非粘着性 耐摩耗性 潤滑性	金型 自動車エンジン シリンダー 振動部品

用語解説

懸濁：溶液中に微粒子が混合されている状態。
曇点：界面活性剤の水溶液を昇温させると白濁する温度。

● 第2章 めっきの種類

10 ぴかぴかのめっき

装飾めっき

ぴかぴかのめっきとは、装飾用めっきをさします。装飾用めっきは、鉄素材に、銅→ニッケル→クロムめっき、あるいはニッケル→クロムめっきを施す、いわゆる装飾を目的にするめっき方法です。最外層がクロムめっきであるものが、自動車のフロントグリル、バンパー、ドアーのとってなどに用いられ、家電製品などにも多く用いられています。また、ネックレス、イヤリングなどの装身具には、最外層が金めっきであるものが多くみられます。鉄素材にこれらのめっきを行う目的は耐食性の向上にあります。

鉄素材の上に直接金めっきした場合は、金のピンホールを通じて、局部電池作用により鉄の腐食が加速されます。それを防止するために下地めっきを施します。下地めっきは、①素材表面を平滑にする、②上層のめっきと素材との電位差を緩和させる働きをする、といった役割があります。①の素材表面を平滑にするために、銅めっきされています。銅が非常に柔らかい金属ですので、研磨して平滑にすることができます。現在でも、自動車用のバンパーなどは銅の下地めっきが選択されています。また、銅めっきはレベリング作用が優れているので素材表面を均一な表面にしやすいという利点があります。中間のめっきにニッケルめっきが選択されている理由は、素材と最外層のめっきとの電位の差を緩和するためです。ニッケルめっきのような中間層をめっきすることにより、耐食性と装飾性を兼ね備えためっきとなります。したがって、下地めっき、中間層のめっき、上層めっきというふうに層を重ねています。

最近、クロムめっきの色調が飽きられてきて、新しい外観のめっきが要望されるようになってきました。ギラギラの光沢より、渋い色調が好まれるようになったことなどで中間のめっきも多彩になってきました。自動車部品、弱電部品、室内装飾品などでは、中間層と最外層をうまく組み合わせ、多彩な外観を得る方法が用いられています。

要点BOX
- ●外観を美しくする
- ●層を重ねる
- ●外観が多様化

装飾用めっきの代表的な用途事例(屋内製品)

代表的な用途	付与できる装飾性	外観の種類	下地めっき	中間めっき	仕上げ(最外層)めっき
時計(側) ライター 眼鏡フレーム	高級化 精ちさ 汚染防止 耐摩耗性	模様(素材加工) (ヘアライン、ダイヤカット、なし地など) 光沢、半光沢 色調(クロム、金色、銀色、黒色、古美)	銅	光沢ニッケル	クロム、金 ロジウム、 銅古美仕上 金色
カバン止金具、口金、ネックレス、バックルなど装身具、袋物金具	高級化	光沢、模様(パール加工など) 色調(クロム、銀色、金色)	銅	光沢ニッケル	クロム、金 ロジウム、 銅古美仕上 金色
照明器具等のインテリア金物	高級化 精ちさ 多様化	光沢、色調 (クロム、金色、古美、ホワイトブロンズ、舶来色など)	銅	光沢ニッケル	クロム、金 金色、ニッケル、 銅、銀、黄銅、 化成処理など
洋食器 ハウスウェア	高級化 衛生的 汚染防止 防錆	光沢、模様(パール加工など) 色調(クロム、銀色、金色)	銅	光沢ニッケル	クロム、銀 金、スズー ニッケル

屋内で使用される製品へのめっきと屋外で使用される製品へのめっきでは使用環境が違うのでめっきの仕様も異なる。代表的なめっき法を示した

装飾用めっきの代表的な用途事例(屋外製品)

代表的な用途事例	めっきによって付与される装飾上の特性	外観の種類	めっきの種類		
			下地	中間	仕上げ
自動車外装品 ドアハンドル、グリルオーナメント、ミラーステー、ワイパー、ホイールナット、ホイールキャップ	高級化、防錆、金属感(樹脂素材)、汚染防止、耐候性、防眩性	光沢、半光沢なし地(サチライト)、色調(クロム、黒色)	銅	二層ニッケル シールニッケル ポストニッケル	クロム 黒色ニッケル
オートバイ部品 ホイール、マフラー、ミラーステー、スポーク、ハンドル、フロントホーク、ヘッドライトカバー			半光沢ニッケル	光沢ニッケル	同上
自転車部品 ハンドル、リム、クランク、ハブ、ハンドルポスト、シートポストシャリア			銅	半光沢ニッケル→サチライトニッケル	同上

● 第2章　めっきの種類

11 外観もいろいろ

多種多彩な装飾用途

装飾を目的としためっき製品はその使用目的、使用環境によってめっきされています。表に主な装飾めっき製品の処理法についてまとめました。表に主な装飾めっき仕上げのめっきを変えることにより、多様化を図っていることがわかっていただけると思います。中間のめっきの製品に必要な耐食性により、めっき法が異なることはいうまでもありませんが、外観の色調によっても変えられています。とくに、最近は外層のクロムめっきの要望が減り、新しい合金めっきなどが用いられるようになってきました。

筆者が経験した事例として、ある自転車部品の製造メーカーから、「従来のニッケル→クロムめっきではあまりにも多く普及しているために、安っぽい感覚になる。なにか、良いめっき法がありませんか」というような相談がありました。

そこで、クロムめっきに代えて、スズーニッケル合金めっきを推奨したところ、高級品に採用し成功していたような外観に仕上げられています。

ます。非常に好評なために、現在では中級品から普及品にまで適用範囲を広げているそうです。

同じ機能の製品であっても、表面処理法の違いにより（外観の違い）、明確に差がでたことがわかります。多様化するためには、素材の加工法（研磨、エッチングなど）の選択、下地めっき（素材の粗さを消す方法）、素材の粗さを受け継ぐ方法、中間層のめっき、各種の仕上げめっき、外層被覆を最適な外観になるように組み合わせています。

仕上げめっきとしては、クロム色系、銀色系、金色系、黒色系、古美色系などのめっき手法が適用されています。このうち、クロムめっきに比べて耐食性が劣るめっき皮膜（例えば、黄銅めっき）はめっき後クリアコーティングして利用されています。ホテルのシャンデリアなどはニッケルめっき上に黄銅めっきして、クリア塗装されており、大変優美な色調で、あたかも金めっきしたような外観に仕上げられています。

要点BOX
- ●外観も多様化
- ●合金めっき
- ●貴金属めっき

装飾めっきの処理法

従来は鉄素材にニッケル→クロムめっきするめっき方法が一般的だったが、クロムめっき一辺とうの外観ではあきられ中間層のめっきと仕上げめっきを組み合わせることにより外観の多様化が図られている。
例えば金めっきの下地めっきをなし地状のニッケルめっきにした場合と、光沢めっきにした場合では同じ金めっきでも別もののような外観になる。

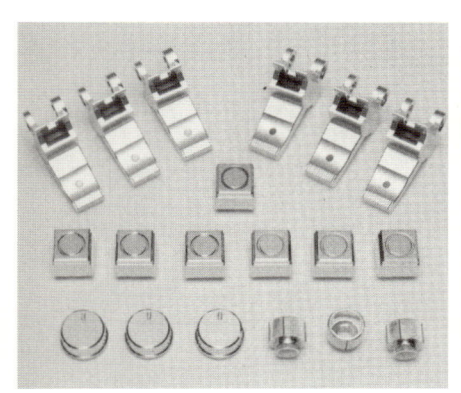

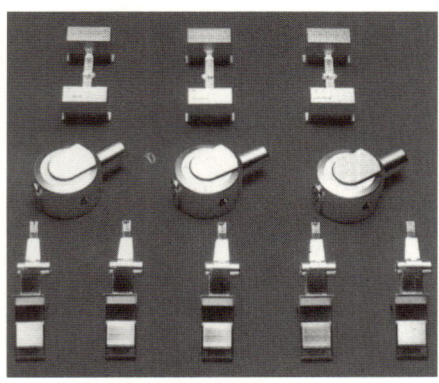

ニッケル-クロムめっき（ツートン仕上げ）　　ニッケル-クロムめっき（ヘアライン）
▲この図のようにツートン仕上げにしたり、ヘアライン加工することにより高級感が増す
（写真は全国鍍金工業組合連合会発行「電気めっきガイド」より引用）

最近の装飾めっきの処理法

下地めっき	中間層のめっき	仕上げめっき
イ　銅めっき ロ　ニッケルめっき	a　光沢ニッケルめっき b　ノーレベリングニッケルめっき c　ビロード状ニッケルめっき d　なし地状ニッケルめっき	1　クロムめっき 2　黒色クロムめっき 3　黒色ニッケルめっき 4　金めっき 5　銀めっき 6　ロジウムめっき 7　黄銅めっき 8　代用金めっき 9　スズ-コバルト合金めっき 10　スズ-ニッケル合金めっき 11　黒色スズ-ニッケル合金めっき 12　スズ-ニッケル-銅合金めっき 13　銅-スズ-亜鉛合金めっき 14　銅-ニッケル合金めっき

用語解説

クリアコーティング：めっき層を保護する目的の透明な塗膜。

12 めっきで鉄をさびからまもる

防食めっき

鉄鋼材料はさびやすく、鉄鋼材料をさびから守るために、防食用のめっきとして亜鉛めっきが一般に用いられています。図の(a)のように鉄よりイオン化傾向の大きな金属をめっきする場合と図の(b)のように鉄よりイオン化傾向の小さな金属をめっきする場合があります。

鉄よりイオン化傾向の大きな金属をめっきする場合には、めっき皮膜が犠牲的に溶解して、鉄素材を守る働きがあります。亜鉛めっきがこれに当たります。一方、鉄素材よりイオン化傾向の小さな金属（例えば、スズ）をめっきする場合、めっきのピンホールから、素材の鉄が局部電池作用により溶解します。屋根などに用いられていますトタン（溶融めっきといって、金属を溶解させてその中に鉄材を浸漬して、亜鉛めっきした鉄板）とブリキ（鉄に溶融法でスズめっきした板）を考えるとよくわかると思います。

亜鉛めっきは、自動車部品、家電製品、建築金物など多くの鉄鋼材料の耐食性の向上のために用いられています。しかし表層の亜鉛めっきは腐食されやすいので、この腐食を防止するために、亜鉛めっき後にクロメート処理と称して、六価クロム溶液に浸漬して、クロメート皮膜を形成させる方法が多用されていました。

また、クロメート処理液の違いにより、光沢クロメート、有色クロメート、黒色クロメート、緑色クロメート処理と呼ばれている方法が耐食性の向上と、異なる外観を得る目的で行われていました。薄膜で大変優れた防食効果が得られていましたが、皮膜中に六価クロムが含まれるので、最近、RoHS、ELV（ヨーロッパによる電気製品、自動車の廃車のための、有害な環境負荷物質を使用禁止または抑制する指令）により、三価クロムを使用した化成皮膜が用いられるようになってきました。クリアと呼ばれる皮膜は、従来の光沢クロメート処理よりも耐食性が優れ、また、黒色の三価クロムを使用した化成皮膜も開発されています。

要点BOX
- ●犠牲的保護皮膜
- ●鉄をさびからまもる機構
- ●クロメート処理

腐食原理の模式図

(a) 鉄素材より卑な金属のめっき

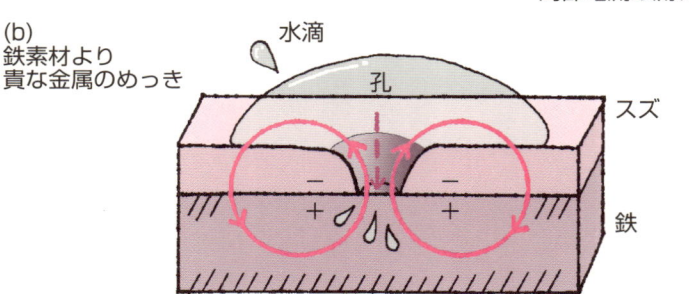

水滴　孔　亜鉛　鉄　局部電流の流れ

(b) 鉄素材より貴な金属のめっき

水滴　孔　スズ　鉄　局部電流の流れ

上図はめっきの腐食原理を示している。

(a)は鉄よりイオン化傾向の大きい亜鉛をめっきした場合であり、めっきにピンホールがあり、雨などの水滴がその表面をおおった場合にイオン化傾向の大きい亜鉛が局部電池の＋極となり、鉄が－極となる。局部電流が＋極から－極に流れ亜鉛が溶解する。この亜鉛がピンホールをふさぎ、鉄の腐食を防止する。

(b)は鉄よりイオン化傾向の小さいスズめっきをした場合である。この場合、めっきにピンホールがあり、水滴がその表面をおおうと鉄が＋極になり、スズが－極になる。局部電流が＋極から流れ、鉄の腐食が進行する。鉄よりイオン化傾向の小さい金属をめっきする場合にはピンホールがあるとかえって鉄の腐食を助長させる。

用語解説

RoHS：電気電子部品に含まれる特定有害物質の使用制限指令。
ELV：廃自動車指令。

13 めっき皮膜の性質を利用

機能めっき

めっき皮膜の電気的、機械的性質を利用するめっきをいわゆる機能めっきと呼ぶようになりました。

このような目的に使用されるめっきは、以前からも特殊な用途に使用されていました。古くは耐摩耗、離型性を向上させるための工業用クロムめっきはプラスチックフィルムを作るためのロールや成形するための金型などに用いられていました。はんだ付けのためのスズー鉛合金めっき、軸受け用の鉛合金めっき、赤外線反射用の金めっきなども古くから行われていました。

しかし、機能めっきに広く関心が寄せられるようになったのは、近年の電子工業の急激な発展に起因しています。

近年、エレクトロニクスの発達は目覚ましく、電子工業を中心とした各種関連工業が急速に発展しています。関連工業の一つであるめっき工業においても、めっき皮膜に対する要求が大きく変化すると同時に、多種多様化してきています。すなわち、従来のめっきの代名詞であった装飾および防食めっきとは異なった、新しい機能特性が注目されるようになり、その特性に応じた新たな用途が開発されるようになってきました。

われわれの日常生活を顧みますと、機能めっきの関与する製品の極めて多いことに気がつきます。たとえば、テレビ、ビデオなどのほとんどの電化製品の内部の電気配線には、銅めっきによるプリント配線板が使用されています。また、ICチップなどの半導体部品には金めっき、銀めっき、はんだめっきが施されています。高級カメラ、デジタルカメラ、ファクシミリ、自動車、エアコン、パーソナルコンピュータ、電卓などの部品も同様です。もし、めっきがなかったら、これらの製品に十分な性能が与えられないといっても過言ではありません。

めっきすることにより、新たな機能を付与することができる機能用めっきの分野はますます広がるものと考えています。

要点BOX
- はんだ付け性の向上
- 耐摩耗性の向上
- 機能を付与するめっき

機能めっき

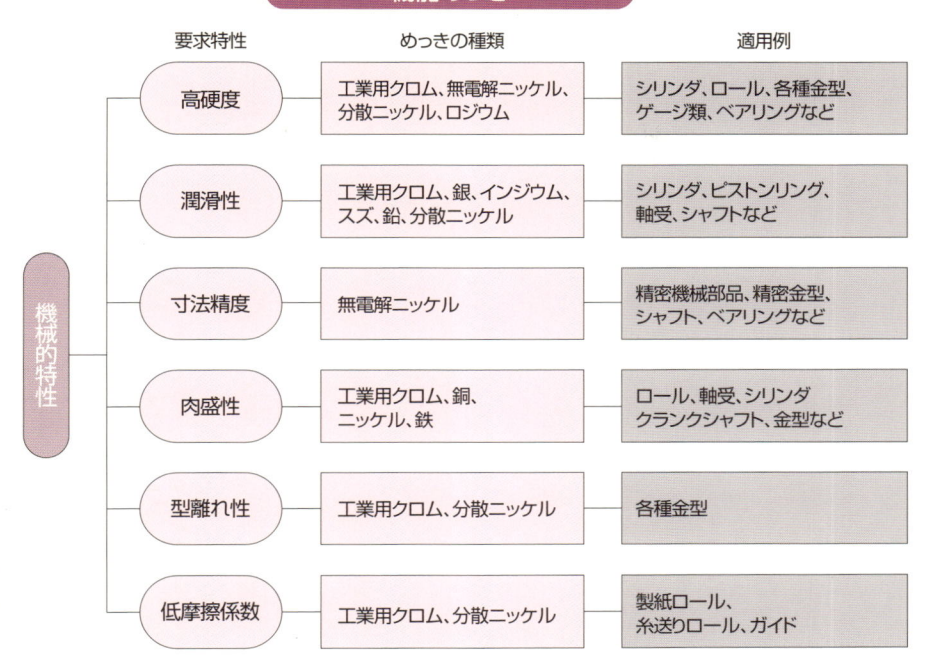

要求特性		めっきの種類	適用例
機械的特性	高硬度	工業用クロム、無電解ニッケル、分散ニッケル、ロジウム	シリンダ、ロール、各種金型、ゲージ類、ベアリングなど
	潤滑性	工業用クロム、銀、インジウム、スズ、鉛、分散ニッケル	シリンダ、ピストンリング、軸受、シャフトなど
	寸法精度	無電解ニッケル	精密機械部品、精密金型、シャフト、ベアリングなど
	肉盛性	工業用クロム、銅、ニッケル、鉄	ロール、軸受、シリンダクランクシャフト、金型など
	型離れ性	工業用クロム、分散ニッケル	各種金型
	低摩擦係数	工業用クロム、分散ニッケル	製紙ロール、糸送りロール、ガイド

電気的特性
● はんだづけ性　● ボンディング性　● 導電性　● 低接触抵抗

工業用（硬質）クロムめっき（成形用金型）

工業用（硬質）クロムめっき（カレンダーロール）

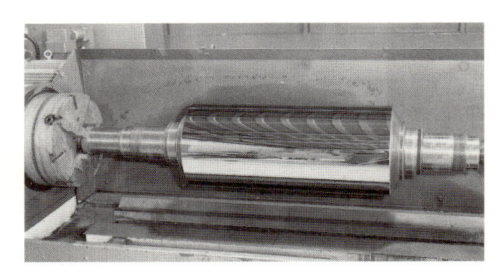

14 めっきには引っ掛け治具が使われる

めっきで、図のようなラック（引っ掛け、たこなどと呼ばれるめっき用の治具）にめっきする製品を吊り下げてめっきする方法をラックめっき、あるいは静止めっきと呼んでいます。ラックには、品物を支えることと品物に通電することの二つの機能があり、品物にラック跡が残らないように、あるいは、品物をしっかり保持でき、通電できるように、さらに生産性を考え着脱が容易なように工夫されています。

ラックでめっきする場合には、ラックの通電部分にめっきが析出して、製品の保持や通電できにくくなる場合があります。また、保持する製品の形状により水素ガスが製品の凹部に溜まらないように工夫してかけなければなりません。できれば、製品別に専用のラックを設計して、使用するのがよいと思われます。

さて、このようにラックに吊り下げた製品をめっきするには、手動でめっきすることと、自動搬送装置を用いる場合があります。手動でめっきする場合には、並べられためっき槽、水洗槽を手作業で移動させるめっき方法であり、ラックに製品を吊り下げると大変重いものを移動させねばなりません。そのために、作業の軽減と処理時間の安定性などの目的で、自動めっき装置が用いられています。

自動めっき装置にも搬送方式により分けられており写真1のようにエレベータタイプの自動めっき装置と並べられた槽をキャリヤにより移動させる写真2のキャリヤタイプの自動めっき装置があります。どちらも、一長一短がありますが、前者は同じものを同じ工程でめっきするという製品の生産性が優れています。しかし、工程の変更ができにくいという欠点があります。したがって、製造メーカーが自社の製品を大量にめっきする場合は適します。一方、後者はエレベータタイプの自動めっき装置に比べ、生産性が劣りますが、工程が変更しやすいので多品種少量製品のめっきに適します。

静止めっき

要点BOX
- 治具に吊り下げるめっき
- 手動方式のめっき装置
- 自動方式のめっき装置

めっきの工程

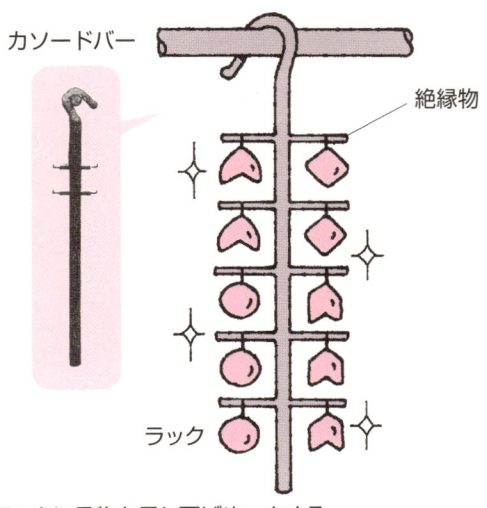

カソードバー
絶縁物
ラック

ラックに品物を吊り下げめっきする

1. エレベータ方式自動めっき装置
2. キャリア方式自動めっき装置 

めっきの工程

- 素材の研摩
- 浸漬脱脂
- 水洗
- 水洗
- 酸浸漬
- 水洗
- 水洗
- 電解脱脂
- 水洗
- 水洗
- 酸活性
- 水洗
- 水洗
- 半光沢ニッケルめっき
- 水洗
- 光沢ニッケルめっき
- 水洗
- 水洗
- クロムめっき
- 水洗
- 水洗
- 湯洗
- 乾燥

15 小物にめっきする方法

バレルめっき

ボルト、ナットなどの小物にめっきする場合、ラックにかけるには時間がかかり生産性がよくありません。このような形状の製品のめっきは、バレルめっきと呼ばれる方法でめっきされています。バレルめっきとは、図に示すようなバレルに、めっきする製品を投入して、めっきする方法をいいます。バレルめっきの方法には、図に示しますように、回転バレル、揺動バレル、傾斜バレルなどがあります。めっきする製品の形状により装置が選択されています。

バレルめっきの利点は、ラック掛けが困難な製品にめっきできることです。また、棒状、筒状製品を一度に大量処理することができます。また、ラック跡が製品に残らない、めっき厚さも比較的均一であるなどの利点があります。一方、欠点としては、重い製品、平板のようにバレル内でくっつきやすい製品、ばねなどからみやすい製品のように形状、重量などでバレルめっきできない場合があります。また、めっき液の持ち出し

が大きい、投入量、バレルの回転数などの要素によりめっきの仕上がりが異なります。

バレルめっきされている製品としては、ボルト、ナットなどは亜鉛めっきされています。電子部品関連には、銅めっき、ニッケルめっき、スズめっき、銀めっきなどが多く用いられています。とくに、チップレジスタ、チップコンデンサなどの製品は、セラミックス上の電極となる微小部分に銀パラジウムで焼結により金属化した後、その微小部にニッケルめっき、スズめっきが行われています。ダミーと呼ばれる通電用の金属粒子と製品を混合してめっきしています。

クロムめっきはバレルめっきできないので、ねじ類は、ニッケルめっき後網付け法(網を底に張った小さな箱に製品を並べてめっきする方法)によりめっきされています。クロムめっきの代わりとして、鉄素材にニッケルめっきして、その上にスズーコバルト合金めっきしている製品もあります。

要点BOX
- ●小さなものを効率よく
- ●バレルの形状
- ●投入量・回転数が重要

各種のバレル

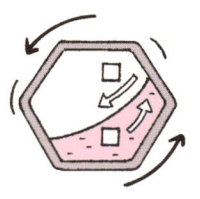

回転バレル　　揺動バレル　　傾斜バレル　　両側開口バレル

浸せき型水平回転バレルめっき装置

(a) 水平バレルめっき装置

(b) 側壁が丸棒でできている液の流通のよいバレル

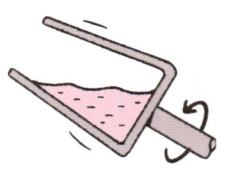

傾斜バレル

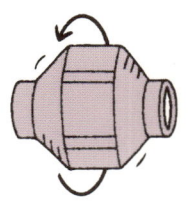

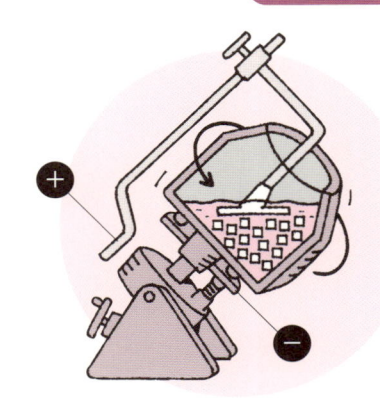

(a) 無孔筒形

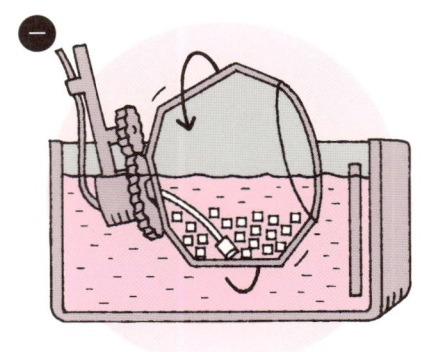

(b) 浸漬形

用語解説

バレル：バレル（槽）内にめっきする製品を入れめっきする方法。

● 第2章 めっきの種類

16 めっきは線や条へもできる

フープめっき

線材、板材、繊維など巻かれている長い形状の製品にめっきする方法は、フープめっきと呼ばれています。

フープめっきは、連続めっき、リール・ツー・リールめっきとも呼ばれています。

フープめっきの適用事例としては、鉄鋼メーカーが板幅1200ミリメートル、板の送り速度毎分100メートル以上の高速度で亜鉛めっき鋼板を製造しています。また、線材にスズめっき、はんだめっきなどが電気めっきされています。

しかし、最近、コネクタをはじめとする電子部品がフープめっきされるようになってきました。写真に、フープめっき装置とめっきされた電子部品を示します。

このようにフープめっきする利点は、生産性が非常に高いこと、製品の安定性に優れることが主な理由です。したがって、従来、バレルめっきで行っていた製品もフープめっきされるようになってきました。今後も、フープ上へのめっきが増えると予想されています。

フープめっきにも、全面にめっきする方法や図1に示すような装置を用いて、ベルトマスク、ホイルマスク、ブラシコンタクト、フローコートなどの方法で部分めっきする方法があります。また、電流分布の違いを利用して、めっき厚さの違う差厚めっきも行われています。

フープめっきするためには、フープの供給から巻取りまで一連の作業で行うため、生産性がよいが、不良が発生するとワンコイル全体にわたる場合があり、前処理浴やめっき浴の管理、給電設備、洗浄、前工程の処理液の持ち込み、くみ出しなど従来のめっき以上に厳密な管理が必要です。

最近は、コネクタなどが非常に小さくなり、金めっきした部分をはんだ付けすると、はんだが吸い上がるために、はんだが上部まで吸いあがらないように縁取りをする（禁制体）と呼ばれる部分をめっき後に行うというような非常に高度な技術力が要求されるようになってきました。

要点BOX
- ●リール・ツー・リールめっき
- ●コネクタへのめっき
- ●部分めっき

連続めっきした製品

図1 浸漬めっき例

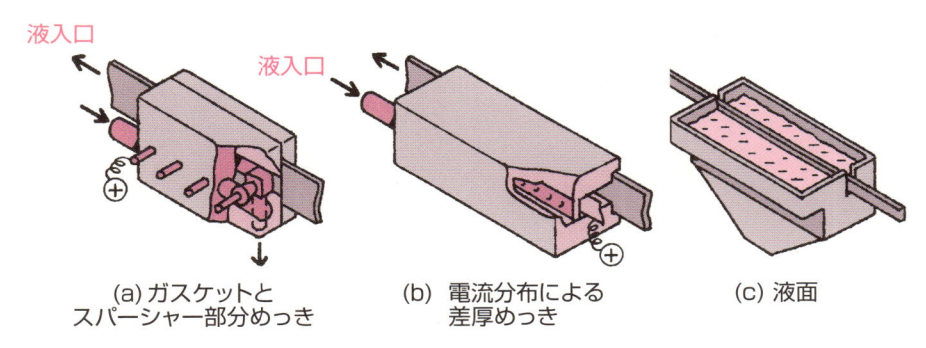

(a) ガスケットとスパーシャー部分めっき

(b) 電流分布による差厚めっき

(c) 液面

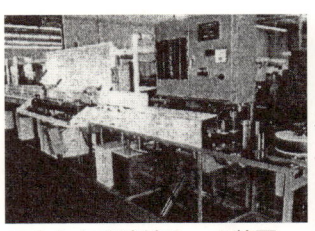

液入口

コネクタの連続めっき装置

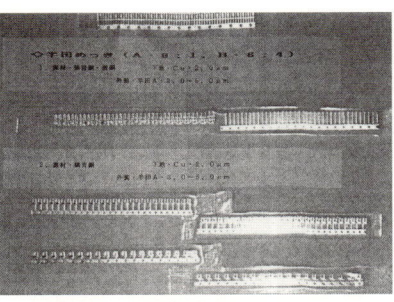

連続めっきした製品

(㈱三ツ矢提供)

各種コネクタ

特徴
- フープ供給から巻取りまで一連作業
- 生産性がよい
- 反面不良発生の場合ワンコイル全体に及ぶ
- そのため従来以上に厳密な管理が必要

Column

低調なめっき業の共通点

昭和40年頃には、めっき専業者が3500社ありました。現在、2000社を切ってきています。このように少なくなってきた要因の一つとして経営戦略の誤りがあります。

淘汰されためっき工場の共通点は以下のとおりです。

① 顧客のニーズに合わせるのではなく、自社の都合でめっきしている工場。客先の要望より、自社の都合の方が優先し、自社の製造ラインに合った都合の良い製品だけしかめっき加工しないため、次第に時流に乗り遅れ、気が付いたときには仕事の範囲が狭められているケースです。
装飾めっきの銅→ニッケル→クロムめっきや亜鉛めっきの工場に多くみられます。

② 5Sが徹底せず、品質が良くない工場。工場に入ったとき、工場内が乱雑であり、足の踏み及し、めっきについて詳しい技術者もないという工場があります。このような工場から品質の優れた製品が加工されることはありません。めっきを発注するメーカーも、5Sの推進されていないめっき工場に発注しなくなってきました。

③ 単一なめっきしかしていない工場。亜鉛めっきのみ、ニッケルめっきのみというように、一種類のめっきしか行っていないと、得意先が限定され、客先のニーズをつかめません。亜鉛めっき、硬質クロムめっきの工場に多くみられます。新しい仕事に対して、消極的な工場。皮肉なもので、新しい仕事は現在の仕事が忙しい時に持ち込まれます。そうすると、新しい仕事に目がいかず、後で後悔することがあります。

また、最近自動めっき装置が普及し、めっきについて詳しい技術者が少なくなってきました。新しい仕事に対するサンプル付けができなく、新しい仕事に対応できないために、チャンスをのがしています。

④ 情報の入手先が限られている工場。研究会、研修会、講演会などの催しに参加しないため、動向がつかめません。出入りの材料商を通じて得られる情報だけでは十分でなく、新しいニーズに対しても的確な判断ができず、大きな仕事をのがす場合があります。

⑤ 研究開発ができず、技術開発力がない工場。得意先から新しい仕事を持ち込まれても、研究開発する体制ができていないため、めっき薬品のサプライヤーに開発依頼している場合が多く、これでは新しい研究開発につながりません。

第3章

3

めっきはどのようなところに使われるのか

● 第3章 めっきはどのようなところに使われるのか

17 めっきがなければコンピュータは動かない

コンピュータの内部はめっきで接続

コンピュータなどに使われる電子部品は機能めっきの代表的な適用分野です。とりわけ、先端技術として最も注目を浴びているコンピュータはめっき技術がないと作ることができないといえるほどめっき技術が多用されています。

コンピュータへのめっき技術の適用例を紹介します。

まず、コンピュータの心臓部であるICには、多くのめっきが用いられています。ICを乗せるリードフレームは、シリコンチップとリードフレームの足の部分とがボンディングしやすいように金めっきや銀めっきが用いられています。リードフレームの足の部分ははんだ付けしやすいようにはんだめっきやスズめっきが用いられています。また、最近、半導体デバイスの配線材料を従来のアルミニウムから、銅めっきを用いたダマシン法と呼ばれる方法に変えられICの心臓部までめっきが用いられるようになってきました。

さらに、このICを搭載するプリント配線板は無電解めっきと電気めっきの特性をみごとに利用した製品です。最近、より集積度を増し、高密度化した基板を製造するために無電解銅めっき技術と電気めっき技術を用いたビルドアップ法と呼ばれる製造方法が多くなってきました。そのプリント配線板上に搭載される電子部品、例えば、チップ抵抗、チップレジスタなどにもプリント配線板との接合を図るために、はんだめっきされています。また、プリント配線板と本体と接続する接点には安定した接触抵抗を得るために金めっきが適用されています。さらに、ノートパソコンなどには、電磁波シールドをする目的で、無電解ニッケルめっき、無電解銅めっきが行われています。

このようにコンピュータには数多くのめっき技術が利用されており、高密度化、低価格化を図り、高信頼性を得るためにめっき技術が寄与しています。外から見えないので、コンピュータにめっき技術が多く使われていることは、案外知られていません。

要点BOX
- ●ICにもめっき（ボンディング用）
- ●プリント配線板にもめっき
- ●筐体にもめっき

コンピュータの内部

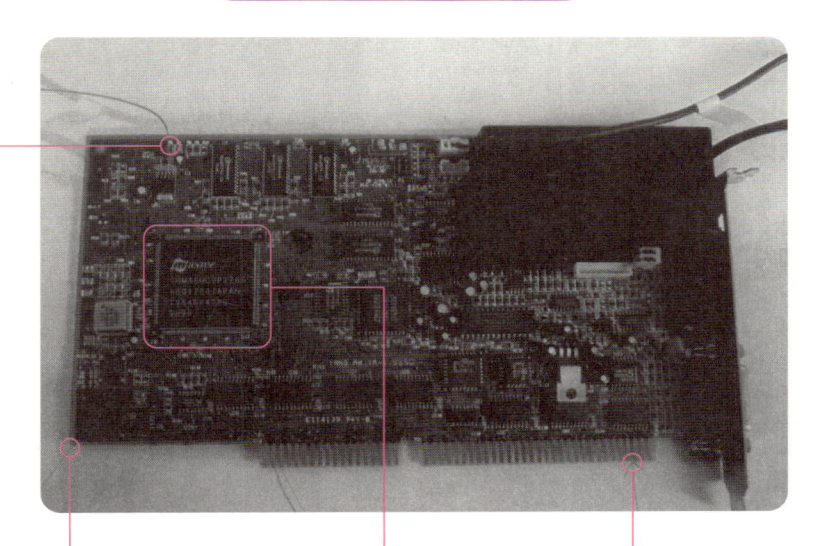

プリント基板
銅張りの板に穴あけして、表と裏を導通させるために無電解めっきで、銅めっきされている

チップ抵抗
セラミックスの抵抗体にはんだ付け性をよくするためにはんだめっきされている

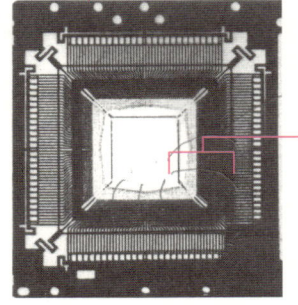

接点には接触抵抗を小さくするために金めっきされている

ボンディング

これはICをのせるリードフレームですが中央部にシリコンチップが乗る。接合しやすいように銀めっきされている。
また、シリコンチップと足の部分を金線でワイヤーボンディングするために銀めっきされている。その後、樹脂封止して足の部分にはんだ付け性をよくするために、はんだめっきされている

18 電子部品はめっきがきめて

コンピュータ、テレビ、炊飯器、洗濯機、ビデオレコーダ、デジタルカメラなど、われわれ身近に使っている電気製品には多くの電子部品が使われています。これらは単独で使われるより、写真に示すように、プリント配線板上に搭載され、それぞれの機能を発揮します。電子部品にめっきされる主な目的は次のようです。

① プリント配線板に接合するためにはんだ付け性を向上させます。例えば、セラミックス上に抵抗体を作成し、抵抗体として使用する場合、必ずプリント配線板と接合することが必要です。そのとき、セラミックスのみでは、はんだ付けができません。そこで、セラミックス上にはんだめっきして、接合されています。最近は、RoHS指令の影響で鉛を使用しないで、スズめっきが行われています。

② 電気伝導性が優れています。一般に、金属は電気伝導性が優れていますが、とくに、銀めっきは電気伝導性が金属の中でも最も優れていますので、電子部品には銀めっきが多く使われています。ただ、空気中の亜硫酸ガスや高温、多湿の環境では黒変するので、使用環境での注意が必要です。そのほか、銅めっきもこの目的で多く使われます。とくに、プリント配線板には、電気伝導性が優れ、安価な銅めっきが多く用いられています。

③ 低い接触抵抗値を示します。金めっきは表面に酸化皮膜を作らない金属ですので、接触抵抗値が低く、接点関係に多く使用されています。とくに、微弱な電流が流れる接点には、金めっきが適します。プリント配線板の接点やパソコンの接点に金めっきされていることからもこのことがよくわかります。

デジタル家電、自動車などにも電子部品が多く使われており、日本の電子部品の生産額が多くなっています。新しい部品を開発することや生産性を向上させるために電子部品のめっき方法は、フープめっきと呼ばれる連続めっき法なども行われています。

要点BOX
- はんだ付け性をよくするめっき
- 接触抵抗を低くするめっき
- 電気伝導性の優れためっき

電子部品の接続をよくする

めっきが電子部品に用いられるわけ

電子部品にめっきされているわけ

1. プリント配線板に接合するために、はんだ付け性を向上させる
2. 電気伝導性が良い（電気を通しやすい）
3. 接触抵抗値が低い

リードフレームにめっきされているわけ

1. ボンディング（シリコンチップとリードフレームの足を金線でつなぐ）性がよい
2. プリント配線板上へのはんだ付け性が優れており、安定性がある

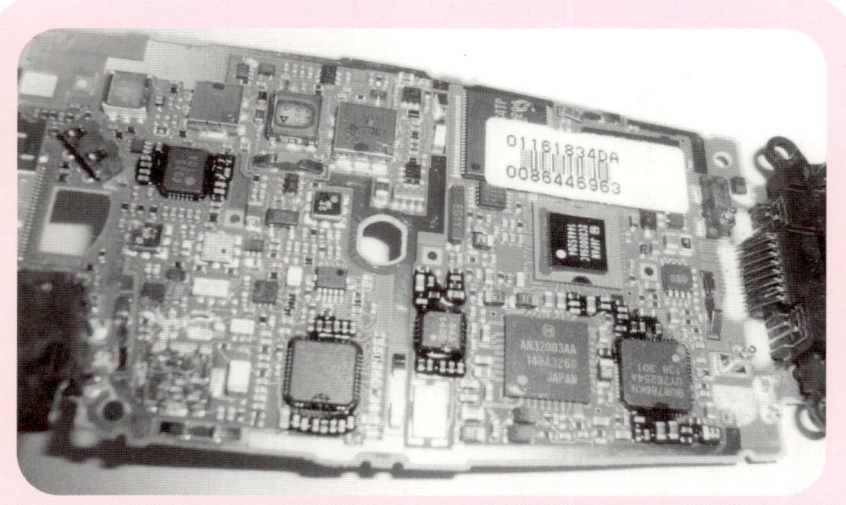

プリント配線板上に搭載された電子部品ははんだ付けにより接合されている

● 第3章 めっきはどのようなところに使われるのか

19 プリント配線板へのめっき

細密パターンを形成するめっき技術

プリント配線板は、あらゆる電子機器に使われる電子部品として、エレクトロニクス産業の発展とともに著しい成長を遂げてきました。プリント配線板の生産額は年々増大し、1997年には遂に1兆円の大台を突破しています。近年、半導体デバイスの高集積化や、一般電子部品の小型・面実装化などにより、プリント配線板の微細配線化に対する要求はますます高まっています。また、プリント配線板は、微細配線化のみならず、多層化や、スルーホールの小径化などによる高密度化への対応はもとより、ビルドアップ方式などの新しい多層配線板の製造技術の開発が積極的に行われています。

プリント配線板とめっき技術は、プリント配線板が誕生して以来、約50年の歴史を通して密接なかかわりを持ち続けていますが、スルーホール両面配線板、スルーホール多層配線板、ビルドアップ多層配線板などの配線パターンの形成、層間配線層の接続、さらには配線パターンの表面処理などにわたって幅広く利用され、大きな役割を果たしています。とくに、最近は携帯電話などに用いられるフレキシブル配線板に、無電解ニッケル→金めっきする配線板の生産量が増えてきました。

スルーホールめっき方式による両面配線板は、無電解銅めっき技術が工業化された1960年代の中頃に製品化されて以来、現在に至るまで多くの電子機器の小型軽量化、高信頼化、低価格化などに貢献してきました。

めっき技術を利用したスルーホール両面配線板の製造方法は、大別するとサブトラクティブ法とアディティブ法に分類されますが、いずれの製造方法もスルーホールの導通化に銅めっき技術が利用されています。自動車用プリント配線板、デジタル家電用プリント配線板などプリント配線板の需要がますます増加するものと予測されています。

要点BOX
- ●配線パターンを形成するめっき
- ●接点の金めっき
- ●フレキシブルプリント配線板へのめっき

めっきとプリント配線板

- 電子機器にはプリント配線板はかかせない
- めっき技術によりプリント配線板がつくられている
- プリント配線板の穴が小さくなり、パターンは細密化している
- フレキシブルプリント配線板は携帯電話など中心にのびている
- 自動車用にもプリント配線板が使用されている

プリント配線板の特徴

1. 電子機器の小型軽量化が図れる
2. 電子機器の信頼性が高まる
3. 実装が容易で低価格化が図れる
4. 部品の修理が容易、迅速である
5. 導通のとれない場合でも、
   無電解ニッケル → 無電解金でめっきできる

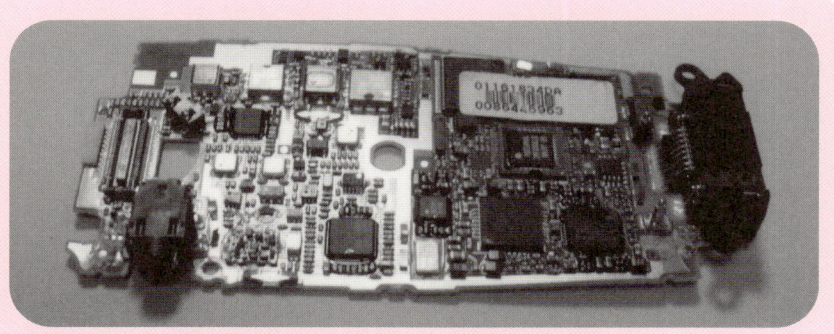

携帯電話用プリント配線板に多くの電子製品が搭載されている

用語解説
スルホール：プリント配線板の表と裏を導通させるための穴。
ビルドアップ法：配線板の上に層を重ね多層にする方法。

20 プリント配線板の表と裏をつなぐめっき

スルーホールへのめっき

プリント配線板の穴を通じて、表と裏をつなぐめっきをスルーホールめっきと呼んでいます。スルーホールめっきには、大きく分けて、サブストラクティブ法とアディティブ法の二つの手法があります。サブストラクティブ法はエッチング技術、アディティブ法はめっき技術を主体に配線パターンの形成が行われています。以下多く用いられていますサブトラクティブ法の概要について述べます。

写真に22層の配線板の断面を示します。サブトラクティブ法によるスルーホール両面配線板は、パネルめっき法と、パターンめっき法に大別されます。いずれの方法もガラスエポキシ積層板の表裏両面に銅箔を接着したいわゆる銅張り積層板を出発材料として、エッチング法によって配線パターンを形成する方法ですが、ここではとくにパネルめっき法について詳述します。

パネルめっき法は、図に示す製造工程を経て作られていますが、その製造法は概略以下のようです。

① 両面銅張り積層板の必要個所にドリルによって貫通穴をあけ、樹脂部分を導電化させるために、パラジウムによる触媒化処理を行い無電解銅めっき工程を経て、スルーホールの導通化処理を行います。

② 電気銅めっきによって、スルーホール内壁面を含む基板全面に銅皮膜を厚く形成させます。

③ フォトリソグラフィー技術によって基板表裏の銅箔面にレジストパターンを形成し、エッチングによって不要な銅箔を溶解除去して必要とする配線パターンの形成を行います。

スルーホールめっきした貫通穴の銅めっき層をエッチング工程で溶解しないように保護する方法として、①貫通穴への樹脂の穴埋め法、②ドライフィルムによるテンティング法があります。パネルめっき法は、生産性の高いプロセスですので、プリント配線板の製造方法として広く行われています。

要点BOX
- ●配線板の表と裏をつなぐスルーホールめっき
- ●サブトラクティブ法
- ●アディティブ法

サブトラクティブ法

```
スルーホールめっき ─┬─ サブトラクティブ法 ─┬─ パネルめっき法
                  │  （エッチングにより回路形成）  │
                  │                        └─ パターンめっき法
                  └─ アディティブ法
                     （めっき技術により回路形成）
```

サブトラクティブ法

銅箔
プリプレグ樹脂
銅張板（Copper Clad Laminate）

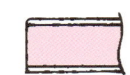

穴あけ
①銅張り板に穴をあける

無電解銅めっき
②表と裏を導通させるために無電解銅めっきする

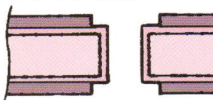

レジスト印刷
③レジストを印刷し回路および穴の部分を保護する

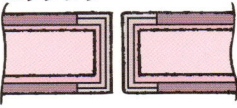

エッチング
④エッチングレジストにより回路以外の銅を除去する

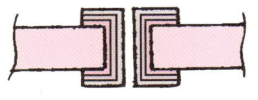

レジスト除去
⑤レジストを除去する

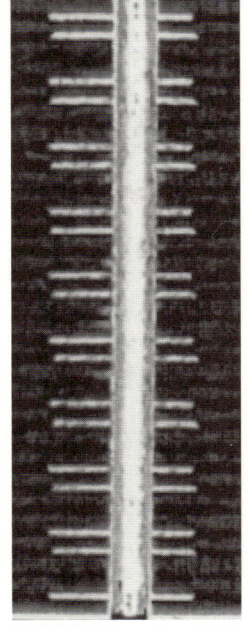

高多層スルーホール層配線板断面（22層板）
（全国鍍金工業組合連合会発行「電気めっきガイド」より引用）

21 ICとめっき技術

ICにもめっき

半導体デバイスにおけるめっき技術は、古くはセラミックパッケージのボンディングパッドや、外部リード端子の表面処理などに使われていましたが、セラミックパッケージが衰退し、樹脂モールド型のパッケージに移行するに伴って、リードフレームの表面処理にめっき技術が広く利用されるようになってきました。

その後、半導体実装技術の進化に伴って、ICバンプの接合方法には図1(a)に示すようなフリップチップ実装技術や、図1(b)に示すようなTAB (Tape Automated Bonding) 実装技術があります。めっき技術は、半導体チップのバンプ形成に広く利用されるようになってきました。そして、最近では、究極のCSPといわれるウエハーレベルCSP (W-CSP) の再配線層やポスト導体層の形成、さらにはLSIの銅配線層の形成などにもめっき技術が利用されるようになり、半導体デバイスにとってめっき技術は必要不可欠な要素技術となっています。

このように、今日のマイクロエレクトロニクスの最先端を担う半導体デバイスにめっき技術が重要な役割を担うようになってようとは、永年この技術に携わってきたものとして感慨深いものがあります。

リードフレームは半導体チップを固定してワイヤーボンディングにより接続するための支持基盤として使われています。リードフレームの材質には、鉄-ニッケル系合金 (42アロイ) や、銅系の金属が使われ、スタンピング法やエッチング法などによって所定の形状に加工しています。リードフレームのインナーリード端子へのめっきは、鉄-ニッケル系合金フレームの場合は、銅のストライクめっきを行った上に銀の高速めっきを行い、後に不要部分の銅をエッチング除去しています。その後、リードフレームに半導体チップを固定して、ワイヤーボンディング接続と樹脂封止を行った後に、露出した外部リード端子部に、はんだめっきを行っています。

要点BOX
- ●リードフレームの内層めっき
- ●リードフレームの外層めっき
- ●IC上にバンプの形成

ICの接続法

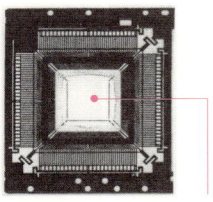

リードフレームの内層めっき
（樹脂でカバーされている部分）

リードフレームの外層めっき
（樹脂でカバーされていない部分）

(㈱三ツ矢提供)

図1 ICバンプの接続法の種類

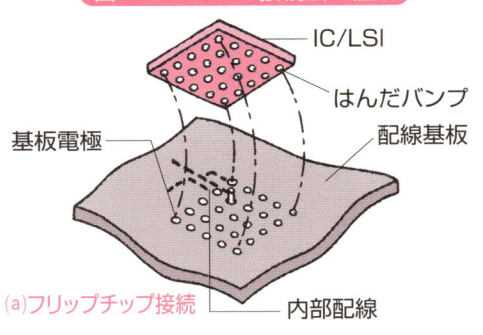

- IC/LSI
- はんだバンプ
- 基板電極
- 配線基板
- 内部配線

(a)フリップチップ接続

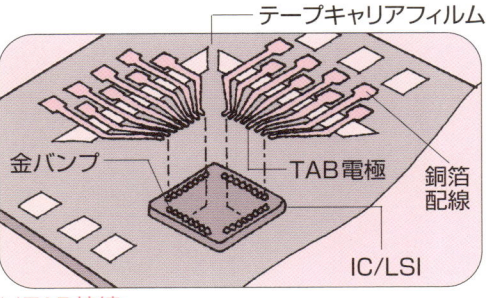

- テープキャリアフィルム
- 金バンプ
- TAB電極
- 銅箔配線
- IC/LSI

(b)TAB接続

各種実装方法

- ボンディングワイヤ

ワイヤーボンディング方式

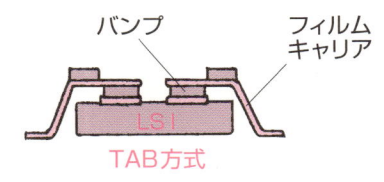

- バンプ
- フィルムキャリア
- LSI

TAB方式

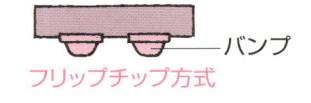

- バンプ

フリップチップ方式

用語解説

CSP：チップサイズパッケージの略。シリコンチップと同じ大きさのパッケージ。

●第3章　めっきはどのようなところに使われるのか

22 ぴっかぴかの自動車

自動車用装飾めっき

自動車には、バンパーなどの装飾めっきから、ボディーなどに用いる防食めっき、エンジン内部の機能めっきやそれを制御する電子部品などに多くのめっき技術が活躍しています。

まず、装飾めっきとしては、主に銅→二重ニッケル→クロムめっきが鉄素材やプラスチック素材上に行われています。自動車部品は、従来は、鉄素材にニッケル→クロムめっきされていましたが、最近は自動車の軽量化の影響で樹脂上にめっきされることが多くなってきました。

ラジエータグリル、ドアハンドル、エンブレム、シンボルマークはABS樹脂に銅→二重ニッケル→クロムめっきの処理が行われています。外装品は耐食性が必要ですので、二重ニッケルめっき後、ジュールニッケルめっきと呼ばれる微粒子をめっき液中に含むニッケルめっきを行い、クロムめっきをマイクロポーラスにするめっき方法が行われています。また、カーオーディオ部品などの内装部品には、スズ-ニッケル合金めっきやスズ-コバルト合金めっきなどクロムめっきと少し違った外観のめっきも採用されています。

自動車業界の装飾めっきへの要望としては、①各種色調が得られ、外装にも使用できること、②鉄をはじめとしてプラスチック、アルミニウムなど幅広い素材に適用できること、さらに、③コストが安いこと、がのぞまれています。

さらに工業デザイナーから最近の若者の傾向を聞きますと、①他人が持っていない物を持つという個別化、差別化傾向を満足させること、②機能を買うのではなく、雰囲気を買うという情緒化傾向に適合すること、③シャーベットトーン、中間色、渋い落ち着いた色調を好むことだそうです。

このような傾向をまとめますと自動車部品は多品種少量、そして多種類の外観、色調が要望されています。

要点BOX
- ●耐食性の優れた装飾めっき
- ●マイクロポーラスクロムめっき
- ●多様な内装めっき

自動車用の装飾めっき

部品名	素材	めっきの種類（方法）
バンパー	鉄	半光沢ニッケルめっき →光沢ニッケルめっき →ジュールニッケルめっき（分散ニッケル） →クロムめっき
ホイールキャップ	鉄	
ラジエータグリル	ABS樹脂	無電解銅めっき →電気銅めっき →半光沢ニッケルめっき →光沢ニッケルめっき →ジュールニッケルめっき →クロムめっき
エンブレム	〃	
シンボルマーク	〃	
ドアーハンドル	ポリカーボネート－ABS樹脂	同上

自動車における装飾用表面処理の適用例

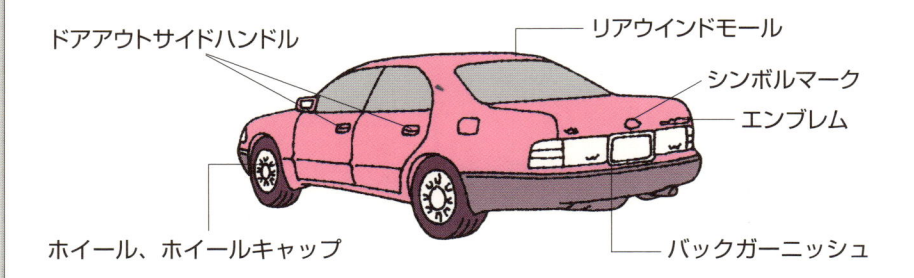

- ラジエータグリル
- バンパー
- ドアアーチモール
- ドアベルトモール
- ドアアウトサイドハンドル
- リアウインドモール
- シンボルマーク
- エンブレム
- ホイール、ホイールキャップ
- バックガーニッシュ

用語解説

マイクロポーラス：クロムめっき表面に多数の穴を有し、腐食電流を分散させることができるクロムめっき。

● 第3章 めっきはどのようなところに使われるのか

23 自動車をさびにくくする

自動車用防食めっき

自動車はエンジン回り、足回りに鉄製品が多く使用されています。このような鉄鋼材料を腐食から守る目的でめっきされているものを防食めっきと呼んでいます。

自動車用の防食めっきとしては、まずボディーの亜鉛めっき鋼板があります。日本国内では、亜鉛めっき鋼板でも、耐食性が十分ですが、北米などの豪雪地帯では、道路に融雪剤を散布しますので、塩害のため亜鉛-鉄、亜鉛-ニッケルなどの合金めっき鋼板が使用されています。

ボディー以外にも亜鉛めっきする事例が多く、ブレーキ系部品、燃料系部品やボルト、ナットなどには、亜鉛めっきして、クロメート処理する方法がとられていました。光沢クロメート、有色クロメート、黒色クロメート、緑色クロメート処理をそれぞれ必要な耐食性と外観により選択していました。しかしながら、この皮膜中には六価クロムが存在し、発癌性の疑いがあることから、ELV（ヨーロッパにおける廃自動車指令）による六価クロムの規制（2007年7月から）に対応して、三価クロムによる化成皮膜が用いられるようになってきました。当初は、2007年7月から、六価クロム全廃とのことでしたが、2005年末に、六価クロムが0.1％（1000ppm）まで含まれてもよいというふうに規制が緩和されました。現在、三価クロムを使用したクリアと呼ばれる化成皮膜が光沢クロメートや有色クロメートに代わって使われるようになってきました。まだ、黒色の三価クロム化成皮膜が従来のような安定した皮膜が得られないので、さらに検討されています。

北米、カナダなど豪雪地帯に用いられる融雪剤による腐食を防止するために、亜鉛めっきより、耐食性の優れた亜鉛-ニッケル合金めっき、亜鉛-鉄合金めっき、スズ-亜鉛合金めっきなどの合金めっきが使用されています。

要点BOX
- ●自動車部品をさびにくくする
- ●三価クロム化成皮膜
- ●亜鉛系合金めっき

自動車部品の防錆処理

ブレーキ系部品への防錆用表面処理適用例

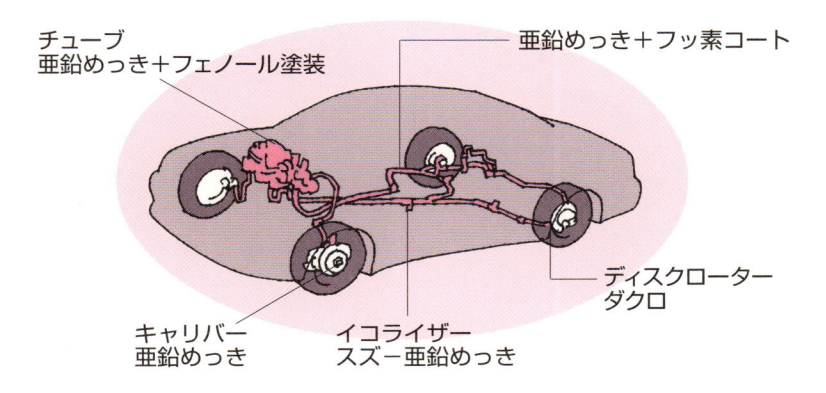

- チューブ　亜鉛めっき＋フェノール塗装
- 亜鉛めっき＋フッ素コート
- ディスクローター　ダクロ
- キャリバー　亜鉛めっき
- イコライザー　スズー亜鉛めっき

フューエル系部品への防錆用表面処理適用例

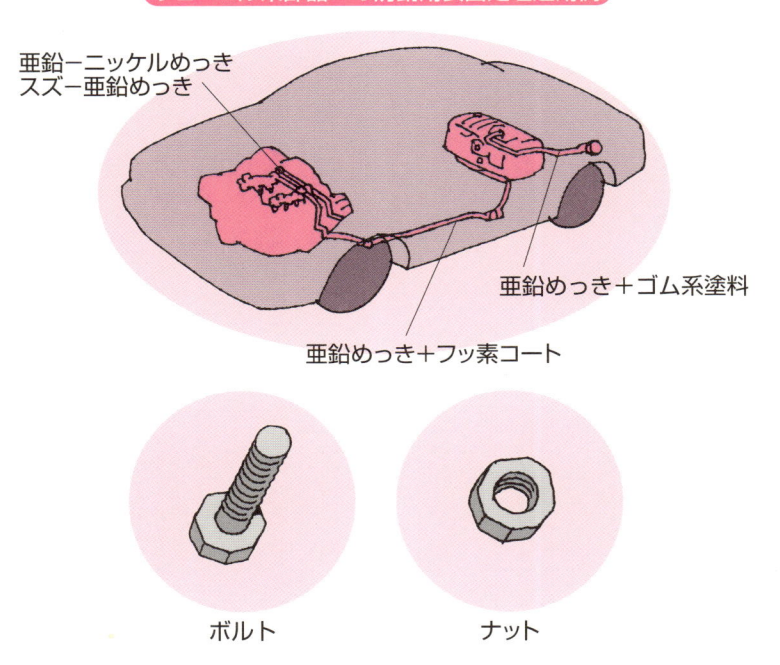

- 亜鉛－ニッケルめっき　スズー亜鉛めっき
- 亜鉛めっき＋ゴム系塗料
- 亜鉛めっき＋フッ素コート

ボルト　　ナット

24 自動車部品の機能を向上させるために

自動車用機能めっき

自動車用の機能めっきとしては、耐摩耗、低摩擦係数を得る目的で多くの部品にめっきされています。

ピストンには、初期なじみをよくするためにスズめっきが、ピストンリング、アブソーバーロッド、ピストンピンには、耐摩耗性を目的に工業用クロムめっきが行われています。また、ピストン、ブレーキピストンピンなどには、耐摩耗性を目的として、無電解ニッケルーりん、デフワッシャーには、消音の目的でニッケルーりん/PTFEの複合めっきが行われています。さらに、自動車の軽量化を図るためにエンジンシリンダーをアルミニウム合金にする試みがあります。その内部の耐摩耗性の向上と摩擦損失の低減を図るために無電解ニッケルーりん上に無電解ニッケルーりん/PTFEのめっきを施し、300℃で1時間熱処理する方法などが検討されています。

自動車には、多くの電子部品が搭載されています。雨の日や雪道の急なブレーキ時にタイヤのロックを防ぐ、ABSと呼ばれるアンチロックブレーキングシステム、衝突したときに運転者や乗客を護るエアバッグシステム、障害物回避などの急激なハンドル操作をした際に、車両の横滑りを感知し、各車軸のブレーキ、エンジン出力を制御するステアリング蛇角センサ（VSC）、マイコンによりエンジンに必要な燃料を正確に供給すると同時に点火時期、トランスミッション制御を行い、走行性能を向上させ排気ガスの有害成分の低減を図るEFI（エレクトロニック・フューエル・インジェクション）装置などがプリント配線板に乗せられ搭載されています。

また、ナビゲーションシステムもさらに改良されるものと思われます。さらに、これからは高速道路自動走行システム、燃料電池車など自動車用の電子部品の需要が急速に拡大するものと思われます。したがって、今後、自動車用の電子部品へのめっきが増えるものと予測されます。

要点BOX
- ●耐摩耗性を向上させるめっき
- ●自動車用電子部品
- ●潤滑性を持たせるめっき

自動車用機能めっき

自動車部品における耐摩耗、低摩擦表面処理の適用例

めっき材料		適用部品例
めっき	Sn	ピストン（初期なじみ）
	Cr	ピストンリング、アブソーバーロッド、ピストンピン（耐摩耗）
	Ni-P	ピストン、ブレーキピストンピン（耐摩耗）
	Ni-B	エアコンプレッサーベーン（耐摩耗）
	Fe-P	ピストン（耐焼付）
	Ni-SiC	ローターハウジング（耐摩耗）
	Ni-P-SiC	シリンダライナー、ピストンリング（耐摩耗、耐スカッフ）
	Ni-P/PTFE	デフワッシャー（消音）、オートテンショナーロッド（滑り性）

バルブリフタ
バルブ
ピストン

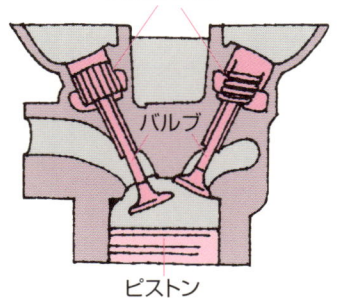

安全運転支援システムのロードマップ

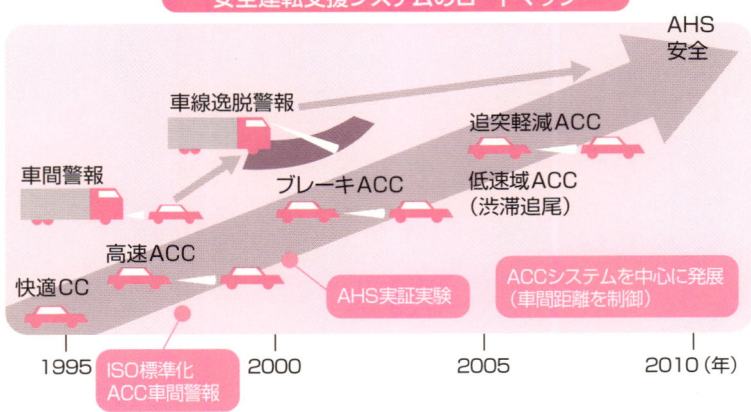

AHS 安全

車線逸脱警報
追突軽減ACC
車間警報
ブレーキACC
低速域ACC（渋滞追尾）
高速ACC
快適CC
AHS実証実験
ACCシステムを中心に発展（車間距離を制御）
ISO標準化 ACC車間警報

1995　2000　2005　2010（年）

用語解説

PTFE：ポリテトラフルオロエチレン樹脂の略。

●第3章 めっきはどのようなところに使われるのか

25 家庭用品とめっき

水回りのめっき

水洗金具、冷蔵庫の取っ手など家庭で使用される製品や腕時計、めがねなど身の回りの製品にも装飾の目的でめっきされています。左頁にめっきされる目的と下地めっき、中間めっき、仕上げめっきの種類をまとめました。

トースター、ツマミ、スイッチなど温暖で乾燥した室内で使用される製品はニッケルめっき厚さが10ミクロン内外で、クロムめっき0.1ミクロンくらいめっきされています。シャワーヘッド、水洗金具など湿気があって、凝縮水が生じるような環境では、ニッケルめっき厚さが15から20ミクロン、クロムめっき0.1ミクロンの厚さが適用されています。さらに、屋外で使用される自動車のフロントグリルやホイールキャップなどには、半光沢ニッケルめっき、光沢ニッケルめっきのように、二重ニッケルめっきされており、めっき厚さも20～25ミクロン、クロムめっき厚さ0.1～0.25ミクロン施されています。このように、めっき皮膜は使用される環境に応じて、選択されています。

中間のニッケルめっきにビロード調のニッケルめっき(ベロアニッケル)を選択すると、ビロードのような風合いのめっきが得られ、同じ外層めっきである金めっきを選択しても、光沢めっきの上に金めっきするのと比べて全く異なった色調のめっきが得られます。

また、ニッケルめっきにサチライトニッケルめっき(ニッケルめっき浴中に微粒子を入れ複合めっきの手法取り込むめっき方法)を選択するとさらに表面をなし地調にでき、製品に一つずつサンドブラストなどでなし地にするのと同等の外観が得られます。また、少し変わった方法では、銅めっき、銀めっきに黒色の着色処理をして古美仕上げをする方法が照明器具、建築金物に応用されています。

さらに最近は、クロム色の代わりにスズ-コバルト合金、スズ-ニッケル合金、スズ-ニッケル-銅合金など少し色調の変わったためっきが最外層に行われるようになってきました。

要点BOX
- ●腐食環境に対応
- ●めっきで美観を付与
- ●外観もいろいろ

家庭用品へのめっき法

銀めっきパール仕上げ（洋食器）
（全国鍍金工業組合連合会発行「電気めっきガイド」より引用）

用途	目的	外観の種類	下地めっき	中間めっき	仕上げめっき
水洗金具、シャワー、取っ手など冷蔵庫ドアハンドル（ABS樹脂素材）	高級化、防錆、汚染防止、衛生的	光沢、色調（クロム）	銅	半光沢ニッケル→光沢ニッケル	クロム
カメラ外装品グンカン部（上蓋）、エプロン、底板（ABS樹脂素材）	高級化、防眩性、精緻さ、金属感、耐候性	無光沢なし地、色調（クロム、黒色）	銅ニッケル	ベロアニッケル、サチライトニッケル	クロム黒色クロム
椅子、デスクなどの家具金物（パイプ類）	高級化、防錆、汚染防止	光沢、無光沢なし地色調（クロム）	銅ニッケル	半光沢ニッケル→光沢ニッケルベロアニッケル	クロム
店内展示家具	高級化、光反射性、衛生的、汚染防止	光沢、色調（クロム、金色）		光沢ニッケル	クロム金
時計（側）、ライター眼鏡フレーム	高級化、精緻さ、汚染防止、耐摩耗性	模様（素材加工）（ヘアライン、ダイヤカット、なし地など）光沢、半光沢　色調（クロム、金色、銀色、黒色、古美）	銅	光沢ニッケル	クロム、金、ロジウム、銅古美仕上金色
カバン止金具、口金、ネックレス、バックルなど装身具、袋物金具	高級化	光沢、模様（ヘアラインなど）色調（クロム、金色、古美）	銅	光沢ニッケル	クロム、金、ロジウム、銅古美仕上金色
照明器具などのインテリア金物	高級化、精緻さ、多様化	光沢、色調（クロム、金色、古美、ホワイトブロンズ、船来色など）	銅	光沢ニッケル	クロム、金色、ニッケル、銅、銀、黄銅、化成処理など
洋食器、ハウスウェア	高級化、衛生的、汚染防止、防錆	光沢、模様（パール加工など）、色調（クロム、銀色、金色）	銅	光沢ニッケル	クロム、銀、金、ニッケル

63

26 機械部品の耐摩耗性の向上

工業用めっき

機械部品は多くの金属材料が使われており、摩耗、腐食により消耗されています。機械部品の耐久性を向上させるために、素材の改質が行われていますが、素材を硬くすると、素材の改質が行われているため、柔軟性のある素材を選択し、その表面に適当な表面処理を施す方法が行われています。表面処理の方法でも浸炭、窒化など素材を硬化させる方法もありますが、ここでは機械部品に適用されている各種のめっき法について紹介します。

また、めっきすることにより、耐摩耗性を向上させ、耐食性を良くするだけではなく、潤滑性、離型性、着性、柔軟性、放熱性などの機能を付与することや、めっきにより肉盛りを行い、寸法精度を向上させて、加工精度を上げる方法が採られています。機械部品に用いられる電気めっきと無電解めっきについて左頁の表にまとめました。

ロール、シリンダー、金型、ゲージなど、耐摩耗性を向上させるためには、硬さが高いことが必要です。この目的には、工業用クロム、無電解ニッケルめっき、ニッケル系複合めっき、ロジウムめっきなどが用いられています。図に各種めっき皮膜の硬さを比較しました。溶融法で作った金属にくらべ、めっきにより得られる皮膜が硬いことがわかります。

二つの部品が接触しながら相対運動をすれば、必ずそこに摩擦力が生じます。この摩擦力を少なくするために、潤滑油や潤滑めっきが用いられています。潤滑油を用いる方法としては工業用クロムめっきを行い、そのクラックに油を保持させて潤滑性を持たせています。潤滑めっきとしてはテフロン粒子を複合させた複合めっき（例えばニッケル／テフロン複合めっき）を行う方法や、硬い金属上にせん断強さの低い軟質のめっき（たとえば、オーバーレイめっきと称されるスズ-鉛合金めっきなど）が軸受けなどの摺動部に施されています。

要点BOX
- 硬さの高いクロムめっき
- 潤滑性の優れたニッケル／テフロン複合めっき
- 非粘着性（くっつきにくい）をもつめっき

機械部品へのめっき

工業用クロムめっきの利用分野の一例と利用目的

分野	適用部品	利用目的
自動車	クランクシャフト、同シャフトジャーナル、カム、シリンダーライナー、カムシャフトジャーナル、各種シャフト、ピストンリング、ピストンロッド、軸受など	耐摩耗性、潤滑性、多孔性、硬さなど
航空機 船舶	クランクシャフト、同シャフトジャーナル、シリンダー、バルブ、ピストンリング、ピストンロッド、ピン、スライドチューブ、補助軸など	耐摩耗性、肉盛り再生、多孔性、潤滑性など
産業機械	織物、化学、食品、製薬、印刷などの乾燥用シリンダー、各種シリンダー、各種ロール、スクリーンプレート、スピンドル、マンドレル、スリーブ、ピストンロッド、水圧ラム、バルブ、コンプレッサークランクなど	耐摩耗性、耐食性、多孔性、硬さ、潤滑性、非粘着性、汚染防止など
検査工具 切削工具	ヤスリ、フライス、ブランクゲージ、マイクロメータ、リングゲージ、各種ゲージ、リーマー、ツイストドリル、タップ、各種ドリルなど	非粘着性、硬さ、耐摩耗性、肉盛り再生、切削性など
金型	ガラス用金型、プラスチック用金型、各種金型	非粘着性、耐摩耗性、肉盛り再生など
化学工業	各種塔槽、ポンプシャフト、インペラ、バルブなど	耐食性、耐摩耗性

冶金学的製法と電気的析出による各種金属の硬さの比較

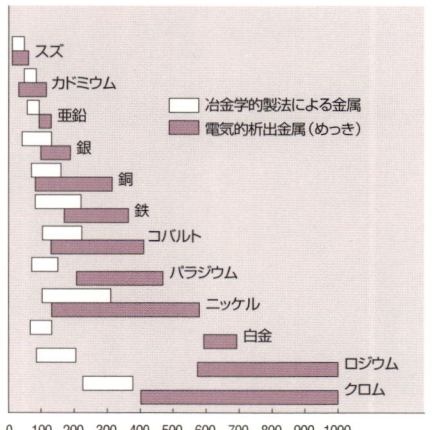

凡例：
- □ 冶金学的製法による金属
- ■ 電気的析出金属（めっき）

金属	
スズ	
カドミウム	
亜鉛	
銀	
銅	
鉄	
コバルト	
パラジウム	
ニッケル	
白金	
ロジウム	
クロム	

硬さ（kg － mm^2）
0　100　200　300　400　500　600　700　800　900　1000

Column

被覆力と均一電着性

めっきでは、「つきまわりがわるい」と表現される現象に、「被覆力が悪い」というのと「均一電着性が悪い」という両方の現象が含まれています。

「被覆力」とは、低い電流密度のところまで、どれくらいめっきが析出するかという能力を示すものです。例えば、被覆力をみるためにハルセル試験をするとよくわかります。クロムめっきを黄銅素材上に直接めっきするのと黄銅素材上にニッケルめっきしてからクロムめっきするのではニッケルめっき上にクロムめっきする方が低い電流密度まで、クロムが析出し、被覆力が優れています。

「均一電着性」とは、高い電流密度の部分と低い電流密度の部分のめっき厚さの差が少ないことを「均一電着性が優れている」と表現します。例えば、四角い形状の品物をめっきするとします。周辺部は電流密度が高くなり、当然めっき厚さが厚くなります。一方、中央部は電流密度が低くなるために、めっき厚さが薄くなります。この高い電流密度部と低い電流密度部のめっき厚さの差が少なければ均一電着性がよいということになります。

シアン化亜鉛めっき浴では、高い電流密度部は水素発生が多く、電流密度が高いにもかかわらず、めっき厚さはそんなに厚くなりません。一方、クロムめっきは電流効率が電流密度が高くなるほど、電流効率がよくなります。したがって、高い電流密度部と低い電流密度部で、めっき厚さの差が大きくなります。この場合、シアン化亜鉛めっき浴は均一電着性に優れ、クロムめっき浴は劣るということになります。

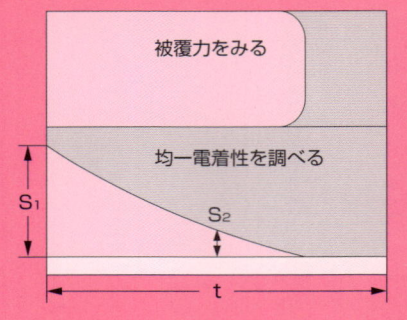

●ハルセル試験片上のめっき厚さの分布

被覆力（Covering Power）
このような形状の製品で管の内までめっきが析出する能力

均一電着性（Throwing Power）
管の内部と外部でめっき厚さにあまり差がないこと

66

第4章

主なめっきとめっき浴

27 電気伝導性のよい銅めっき

銅めっきの役割

銅めっきは、プラスチック上への下地めっきからプリント配線板へのめっきまで幅広い用途があります。強酸性の硫酸銅めっき浴からアルカリ性のシアン化銅めっき浴まで種々のpHのめっき浴があり、素材に合わせてめっき浴が選択できます。酸性浴では硫酸銅浴、中性に近い浴ではピロリン酸銅浴、アルカリ性浴ではシアン化銅浴が広く用いられています。硫酸銅浴、ピロリン酸銅浴で、鉄素材にめっきすると置換めっきが生成します。この皮膜は、密着性がよくないので、置換めっきの生じないシアン化銅浴が用いられています。

硫酸銅浴はプリント配線板のスルーホールめっき、装飾用の樹脂めっきの下地めっき、仏具などの電鋳、電解銅箔の作成などには欠かせないものです。シアン化銅浴は亜鉛系あるいは鉄系素材上への下地めっきとして用いられ、特にバレルめっきではシアン化銅浴でないと電流中断時に置換めっきが析出して密着不良が生じます。さらに、電子部品に用いられる銅合金の下地めっきとしても必須です。また、浸炭防止用（鉄に炭素をしみ込ませ硬くする処理法）めっきとしても広く用いられています。

ピロリン酸銅浴は10年ほど前まではプリント配線板のスルーホールめっきとして重要なめっきでしたが、硫酸銅浴の進歩によりプリント配線板には用いられなくなりました。電鋳浴として、高周波電流を運ぶ導波管や浸炭防止用などに用いられています。他の銅めっき浴としては、ホウフッ化銅浴がありますが、排水処理が難しいため使われなくなりました。

自動車のバンパーには、銅めっきを行い研磨して、その上にめっきを施す、亜鉛ダイカストにはシアン化銅めっき→硫酸銅めっきとしてニッケル→クロムめっきを行うなど銅めっきは下地めっきとしても、多く用いられています。したがって、装飾めっきの下地めっきから、優れた電気伝導性を利用する機能めっきまで多くの用途に用いられる重要なめっきです。

要点BOX
- ●素材によりめっき浴を選択する
- ●シアン化銅浴は置換めっきがおこらない
- ●ピロリン酸銅浴は均一電着性がよい

銅めっきの役割

銅めっきの役わり

1. 銅は柔らかいので研磨しやすいため下地めっきとして利用される
2. レベリング作用（平滑化作用）がすぐれているのでプラスチック上へのめっきに最適
3. 電気伝導性がよいのでプリント配線板に使用

銅めっきの種類　（酸性からアルカリ性浴まである）

```
シアン化銅浴        ピロリン酸銅浴              硫酸銅浴
   pH11          8  pH7              pH1
```

各種銅めっきの電流電位曲線の比較

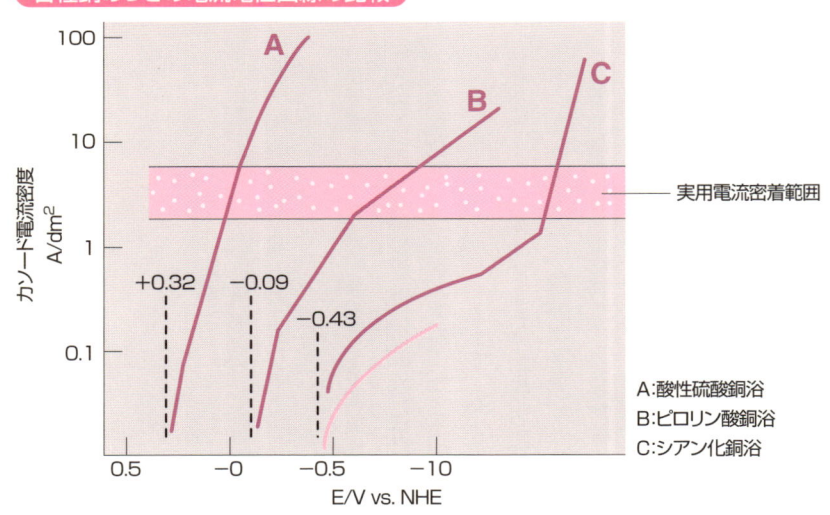

カソード電流密度 A/dm²

+0.32　−0.09　−0.43

E/V vs. NHE

A：酸性硫酸銅浴
B：ピロリン酸銅浴
C：シアン化銅浴

実用電流密着範囲

上図は3種の銅めっき浴の電流−電位曲線を示したものである。硫酸銅浴に鉄を浸漬すると鉄の上に銅が置換めっきされる。このように電位が離れていると置換めっきがおこる。一方、シアン化銅浴では鉄と電位が近接しているので、置換めっきはおこらない。ピロリン酸銅浴でも電位が離れているので置換めっきはおこるが硫酸銅浴より置換反応は遅くなる。

用語解説

浸炭：鉄に炭素をしみ込ませ硬くする処理法。

● 第4章 主なめっきとめっき浴

28 光沢と性質のすぐれた硫酸銅めっき

プラスチック上へのめっきから
プリント配線板まで

硫酸銅浴は硫酸銅と硫酸からなる浴で古くから印刷用ロールやレコード原盤などの電鋳に用いられていました。1960年代に光沢およびレベリング作用に優れた添加剤が開発され、鉄素地、亜鉛ダイカスト素地、プラスチック上へのめっきに多く用いられるようになりました。さらに15年ほど前から、硫酸濃度を増し、銅濃度を下げることにより、ピロリン酸銅めっきに匹敵する均一電着性を得られるめっき組成が開発され、プリント配線板のスルーホールめっきとして広く普及しています。

表に広く使われている硫酸銅めっき浴の浴組成とめっき条件を示します。浴中の硫酸銅はめっきに必要な銅イオンを供給し、硫酸銅の濃度が過剰になると光沢とレベリング作用が低下し、硫酸銅の結晶が浴中に析出します。硫酸銅濃度が低下すると高電流密度部にコゲが発生します。硫酸はめっき液の電導度を良くし、均一電着性を改善します。装飾用光沢銅めっき浴の45～60グラム／リットル、プリント配線板用スルーホール銅めっきは200～250グラム／リットルまで多くします。このように用途に応じて変化させることができます。光沢硫酸銅めっきに塩化物イオンは35～70ミリグラム／リットル必須です。水道水で建浴すると5～10ミリグラム／リットルの塩化物イオンが含まれていますので、25～50ミリグラムの塩化物イオンを加えます。塩化物イオンが過剰になると1価の銅イオンと不溶性の塩化銅を形成しやすくなりますので、硫酸銀を用いて沈殿除去します。

添加剤として塩化物イオンとノニオン系界面活性剤、および硫黄系有機化合物が加えられています。これらが相互作用により、非常にレベリング作用の光沢のある皮膜が得られます。光沢硫酸銅めっきのすぐれた点は、浴温が30℃以上になると低電流密度部分が無光沢になるなど外観異常をきたすことと、含りん銅の陽極を使用しないとアノードスライムにより、めっき皮膜にザラが生じることです。

要点BOX
- ●レベリング作用の優れた硫酸銅めっき
- ●浴中の塩化物イオンの管理が重要
- ●ろ過と撹拌を十分に行う

硫酸銅めっき浴について

1. 硫酸銅めっき浴はめっき浴中でも最もレベリング作用が優れている
2. 硫酸銅と硫酸の濃度を変化させることによりプラスチック上へのめっきからプリント配線板へのめっきに利用されている

レベリング作用のでる機構

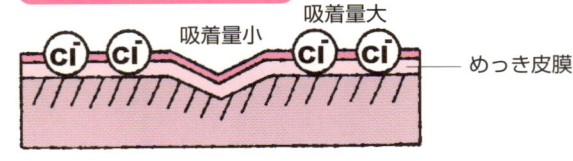

吸着量小　吸着量大　めっき皮膜

プリント配線板
表面（析出しやすい）
スルーホール部（析出しにくい）

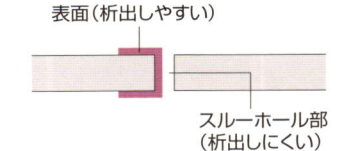

プリント配線板ではスルーホール部にめっきが析出しにくいので均一電着性が最重要となる

レベリング作用とは

硫酸銅めっき浴にはレベリング作用（平滑化作用）をもたらす添加剤レベラーと微量の塩化物が添加されており、これらの添加剤の吸着量の大きい平面部は析出が阻害され、これらの添加剤の吸着量の少ない凹部にめっきが析出し、結果として平滑になる。

各種硫酸銅めっきの浴組成と作業条件

浴組成と電解条件	装飾用光沢銅浴	低濃度浴	プリント基板用
$CuSO_4 \cdot 5H_2O$ (g/l)	180〜250	100	60〜100
H_2SO_4 (g/l)	40〜60	100	200〜250
Cl^- (mg/l)	35〜70	35〜70	35〜70
ノニオン系界面活性剤	適量	適量	適量
硫黄（および）窒素系化合物	適量	適量	適量
陽極	含りん銅	含りん銅	含りん銅
陰極電流密度 (A/dm^2)	〜6	〜6	1〜6
浴温（℃）	20〜30	20〜30	20〜30
撹拌	激しい空気撹拌	激しい空気撹拌	激しい空気撹拌
ろ過	連続ろ過	連続ろ過	連続ろ過

プラスチック上へのめっきには硫酸銅の多い組成が用いられ、プリント配線板には硫酸の多い組成が用いられている。これはスルーホール部にめっきが析出しやすいように均一電着性を改善するためである。

用語解説

ノニオン系：非イオン界面活性剤。
アノードスライム：陽極に生成する泥状の物質。

29 ニッケルめっきは縁の下の力持ち

下地めっきとしてのニッケル

ニッケルめっきは1830年代に開発された古いめっきであり、わが国でも1892年（明治25年）最初に行われたといわれています。初期には無光沢めっきが行われており、研摩して装飾的な用途としていました。1950年代に光沢ニッケルめっきが行われるようになって、飛躍的に使用量が増えました。現在は、各種の下地めっきとして、装飾的な用途にも、電子部品などの機能的な用途にも多く用いられている主要なめっきです。

当初、ニッケルめっきは鉄素材上の銅→ニッケル→クロムめっきの中間層として多く用いられていました。その後、排水規制、耐食性の向上などの観点から、銅めっきに代わって半光沢ニッケルめっきが用いられるようになり、半光沢ニッケル→光沢ニッケル→クロムめっき法、いわゆる二重ニッケルめっきが一般的になりました。現在、装飾めっきの下地めっき法として、重要な役割を果たしています。表に示しますように、各種のめっき浴が発表されていますが、ワット浴とスルファミン酸浴が主に用いられています。

ワット浴は、ワットにより開発されたもので、現在、ニッケルめっき浴として一般的に用いられており、添加剤の種類により無光沢、半光沢、光沢浴があります。ウッドニッケル浴は塩化物のみで構成されており、ステンレスのような表面が不動態皮膜で覆われ、活性化し難い素材に対して適するめっき浴です。スルファミン酸ニッケル浴は引張応力が小さいので、電鋳などのめっき厚さの必要な場合に多く用いられています。また、皮膜がやわらかいので、リール・ツー・リールでめっきされる接点部品への下地めっきとして用います。最近、環境問題から、ワット浴のホウ酸（ホウ素が規制される地方がある）の代わりに酢酸ニッケルを用いるめっき浴も一部採用されています。このようにニッケルめっきは装飾めっきから、機能めっきまで、幅広く用いられる有用なめっきです。

要点BOX
- 下地めっきとして装飾めっきから電子部品のめっきまで有用
- 主にワット浴が用いられる
- フープめっきにはスルファミン酸浴

ニッケルめっきの特徴と浴組成

ニッケルめっきの特徴

1. 下地めっきとして装飾めっきから電子部品のめっきまで広く用いられている
2. 中間層のめっきとして耐食性を向上させる
3. ワットにより開発されたワット浴に添加剤を用いて、種々の目的に利用している

ニッケルめっき浴の組成と作業条件

（　）内は標準組成

組成作業条件＼浴種	ワット浴	スルファミン酸浴	ウッドストライク浴
硫酸ニッケル $NiSO_4 \cdot 6H_2O$	220〜380g/l (240)	0〜30g/l	
塩化ニッケル $NiCl_2 \cdot 6H_2O$	30〜60g/l (45)		240g/l
スルファミン酸ニッケル $Ni(NH_2SO_3)_2$		300〜500g/l	
臭化ニッケル（18%） $NiBr_2$		5〜70g/l	
ホウ酸 H_3BO_3	30〜40g/l (35)	30g/l	塩酸 HCl 125ml/l
添加剤	適量	適量	なし
pH	3.0〜4.8	3.5〜4.5	1.5以下
浴温	40〜65℃ (45)	25〜70℃	常温
カソード電流密度	2〜10A/dm^2 (4)	2〜15A/dm^2	2〜15A/dm^2
撹拌	空気撹拌	あり	なし
用途	装飾めっきから電子部品まで	電鋳フープ	ステンレス上へのめっき

ワット浴　浴種	添加剤	外観	用途
無光沢浴	添加剤なし	無光沢	電子部品
半光沢浴	クマリン	半光沢	二重ニッケルめっきの下層めっき
光沢浴	サッカリンブチンジオール	光沢	二重ニッケルめっきの上層めっき
ジュール浴	SiO_2	光沢	クロムめっきをマイクロポーラスに

用語解説

リール・ツー・リール：線および条材を巻き取りながら連続めっきする方法。

30 光沢ニッケルめっきと二重ニッケルめっき

二重にして耐食性の向上

ワットニッケルめっき浴には、硫酸ニッケル、塩化ニッケル、ホウ酸からなる溶液を使用します。このうち硫酸ニッケルは、めっき液中の金属イオンの供給源になります。硫酸イオンだけでは陽極を溶解させることが難しいので陽極を溶解させるために塩化物イオンを持つ塩化ニッケルを使用します。塩化物イオンが多くなるとめっき皮膜に引張応力という素地から離れようとする応力が大きくなりますので、陽極を溶解させるために必要最小限な量にとどめています。

めっき浴中のホウ酸ですが、ホウ酸はめっき浴のpHの変動を少なくするために用いられています。このワット浴に光沢ニッケルの場合には、ブチンジオールのようなレベリング剤とレベリング剤により応力が大きくなるのを緩和するためにサッカリンのようなイオウ成分を含む応力除去剤が使用されています。

一方、半光沢ニッケルめっきにはクマリンのようなあまり光沢がないがレベリング作用の優れた添加剤が用いられています。光沢ニッケルめっきには、サッカリンのようなイオウ系添加剤が使用されますので、めっき皮膜中にイオウ成分が約0.05％取り込まれます。ニッケルめっきにイオウ成分が取り込まれますと、通常のニッケルめっきにくらべて、電位が卑に（腐食しやすくなる）なります。半光沢めっき浴にはイオウ成分が含まれていませんので、両者の電位の差をうまく利用して耐食性を向上させる方法を、二重ニッケルめっき法と呼び、自動車部品など耐食性が要求される製品にたいして、二重ニッケルめっきが採用されています。半光沢ニッケルめっきを下地めっきとして、その上に光沢ニッケルめっきを行います。めっき厚さの比率は、半光沢対光沢を3対2にします。二重ニッケルめっき厚さ10ミクロンで、単層ニッケルめっき厚さ25ミクロンの耐食性と同等以上の耐食性を持つといわれています。

このようにニッケルめっきは、基本になるめっきとして、多くの分野で適用されています。

要点BOX
- ワット浴の構成成分の働き
- 光沢剤の作用
- 二重ニッケルめっきの耐食性

ワット浴の構成成分の働き

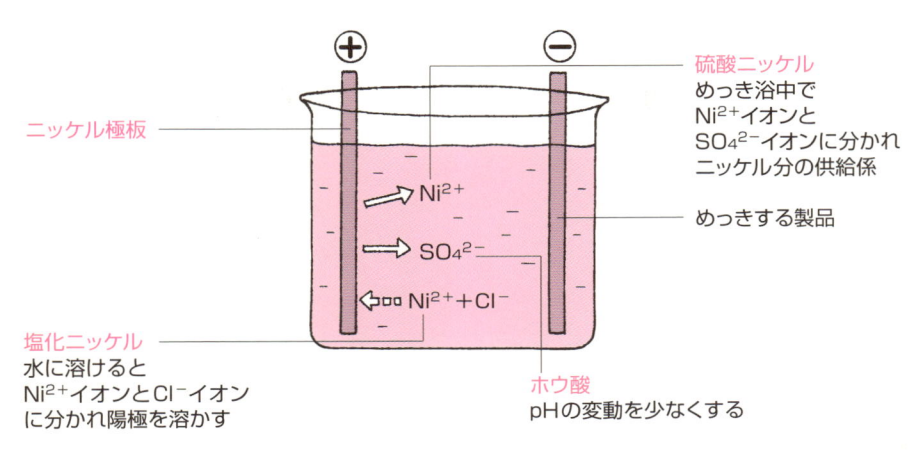

- ニッケル極板
- 硫酸ニッケル
  めっき浴中でNi²⁺イオンとSO₄²⁻イオンに分かれニッケル分の供給係 → Ni^{2+} / SO_4^{2-}
- めっきする製品
- 塩化ニッケル
  水に溶けるとNi²⁺イオンとCl⁻イオンに分かれ陽極を溶かす → $Ni^{2+} + Cl^-$
- ホウ酸
  pHの変動を少なくする

二重ニッケルめっき

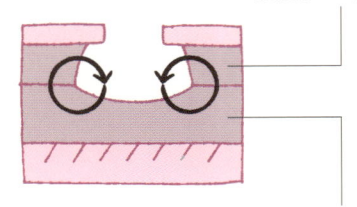

- 光沢ニッケル（皮膜中のS分0.05％）
- 半光沢ニッケル（皮膜中にS分なし）

ワット浴に添加剤としてイオウ分を含まない半光沢ニッケルめっき上にイオウ分を含む光沢ニッケルめっきをする。イオウ分を含む光沢ニッケルめっきが電位が卑であるため腐食され、素地に貫通する腐食が防止できる。実際の腐食面を見ても光沢ニッケルめっきが腐食されていることがわかる。

実際に腐食した断面写真

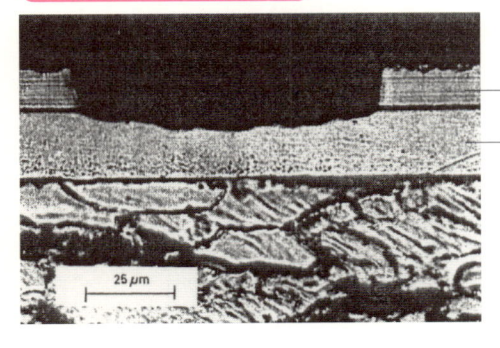

- 光沢ニッケル
- 半光沢ニッケル

25 μm

31 薄い皮膜で抜群の耐食性

外観が美しいクロムめっき

クロムめっきは装飾めっきの最外層のめっきとして、あるいは工業用クロムめっきとして広く用いられています。クロムは、イオン化傾向の大きな金属(電位の卑な金属)ですが、空気中の酸素で、透明でかつ緻密な酸化皮膜(厚さ約5ナノメル)を瞬間的に形成することにより、銅より貴な電位を示す耐食性の優れた皮膜になります。また、皮膜が硬く、耐摩耗性に優れていますので、装飾めっきでは、光沢ニッケルめっき上に厚さ0.1~0.5ミクロン施こされています。また、工業用クロムめっきは、素材の摩擦、摩耗から護るために数ミクロンから50ミクロンくらいのめっき厚さのめっきを行います。

クロムめっき浴は、無水クロム酸と硫酸からなるサージェント浴が多く用いられています。無水クロム酸と硫酸の比率は100対1にします。硫酸は触媒として働きます。触媒としては、硫酸以外にもケイフッ化物や有機酸なども用いられます。

めっき浴の組成と作業条件を表に示します。クロムめっきは、めっき浴に添加剤を入れなくても光沢のあるめっきが得られますが、電流効率が15%程度と悪く、均一電着性も被覆力も劣ります。したがって、製品に均一にめっきをつけるために、遮へい板や補助陽極を用いるなどの工夫がされています。

めっき浴中には、1~5グラム/リットルの三価クロムが必要であり、多すぎてもめっき皮膜に害を与えます。三価クロムは、クロムめっきを弱電解する、めっき浴中に還元剤を添加するなどして生成させます。クロムめっきには、不溶性の鉛陽極が使用されます。この鉛陽極が陽極で三価クロムを六価クロムに酸化させる能力が高く、陽極と陰極の面積比を考えることにより、めっき浴中の三価クロムを制御しています。クロムめっきは優れた特性を持つめっきですが、有害な六価クロムを使用しますので、三価クロムによるクロムめっきも装飾めっきとして、用いられています。

要点BOX
- 5nmの酸化皮膜が耐食性を向上させる
- 六価クロム浴からのクロムめっき
- 三価クロム浴からのクロムめっき

クロムめっきについて

クロムめっきの特徴

1. クロムは電位の卑な金属（イオン化傾向の大きい）であるが空気中で容易に透明な酸化皮膜が形成され銅より貴な電位を示す

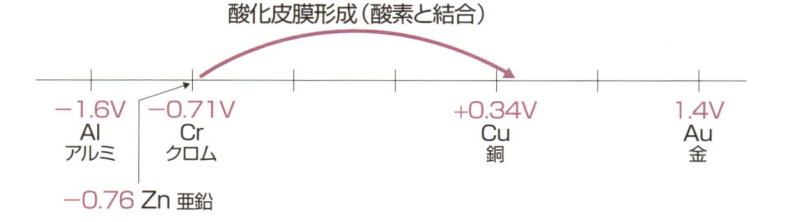

   酸化皮膜形成（酸素と結合）

   −1.6V　−0.71V　　　　　+0.34V　　　1.4V
   Al　　　Cr　　　　　　　Cu　　　　　Au
   アルミ　クロム　　　　　　銅　　　　　金

   −0.76 Zn 亜鉛

2. 装飾めっきは薄い（0.1〜0.3μm）が硬くて、耐摩耗性が優れている

3. 傷がついても空気中の酸素ですぐに酸化皮膜が形成される

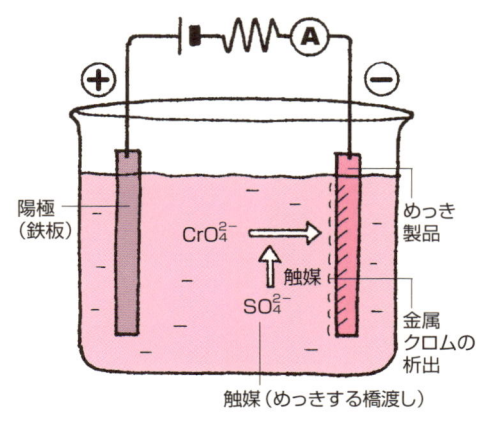

各種クロムめっき浴の組成と作業条件

浴組成と作業条件	浴種 サージェント浴 標準浴	フッ化物含有浴 ケイフッ化物浴
無水クロム酸（g/l） 硫酸 ケイフッ酸	250 2.5	250〜350 2.5
温度（℃） 電流密度（A/dm²） 電流効率（％） 主用途　装飾 　　　　工業用	45〜55 20〜60 約13％ ○ ○	35〜55 10〜60 約26％ ○ ○
特徴	一般的	電流効率高い 光沢範囲大 陽極、素地の腐食が問題

陽極（鉄板）　CrO_4^{2-}　触媒　SO_4^{2-}　めっき製品　金属クロムの析出　触媒（めっきする橋渡し）

クロムめっき浴は無水クロム酸と硫酸からなるサージェント浴からめっきされている。このときの硫酸の役目は触媒の働きをする。

CrO_4^{2-} ──── クロミウムクロメート皮膜 ──── クロムめっき
クロム酸イオン　　　　　　　　　　　　　　触媒SO_4^{2-}が必要

用語解説

サージェント：サージェントが発明した無水クロム酸と硫酸からなるめっき浴。

● 第4章 主なめっきとめっき浴

32 硬さの高い工業用クロムめっき

耐摩耗性の優れためっき

工業用クロムめっきは機械部品に最も多く用いられているめっきです。これは硬さがHv800から1000で、耐摩耗性に優れ、低い摩擦係数を持ち、離型性が良いこと、耐食性が優れていることなどの特性を持っているためです。用途としてはボルト、ナット、歯車など小さなものから、切削工具、金型、ピストンなどの中型の製品、製紙用ロール、建機用ロッド、船舶用ロッドなど大型の製品にめっきされています。また、小さいものでは、ねじ、ピンなどにも工業用クロムめっきされています。このように多くの分野でクロムめっきが用いられており、機械部品のめっきに対しては、最も有用なめっき法であるといえます。とくに、工業用クロムめっきが用いられる理由は、素材を熱処理により硬くすると素材がひずんでしまいます。一方、工業用クロムめっきは100℃以下の温度で硬い皮膜が得られるため用いられているともいえます。

工業用クロムめっき浴は、基本的に装飾めっきと浴組成が変わるわけではなく、無水クロム酸に触媒として、硫酸を用いたサージェント浴、フッ化物を用いたフッ化物浴、有機酸を用いたヒーフ浴などが目的により、選択されています。工業用クロムめっきにより、めっき浴温により硬さや外観が変化するので、浴温の管理が重要です。また、大きな製品を扱うので、脱脂などが行えないため、通常、めっき浴で陽極エッチングを行います。素材とめっき厚さに応じたエッチング時間を表にまとめましたが、優れた密着性のめっきを得るために大変重要な工程です。

また、工業用クロムめっきは、めっき皮膜の均一電着性と被覆力がよくないため、高い電流密度部分にめっきが厚くなるのを防止するため、電流を遮へいする遮へい板、電気の流れにくいところを流れやすくする補助陽極、不必要に厚くなることを防止する補助陰極などのめっき技術の巧拙が皮膜性能を左右するので、技能と経験が必要なめっきです。

要点BOX
- 熱処理に比べて低い温度で加工できる
- 陽極の配置、遮へい板などノウハウが必要
- 素材とめっき厚さに応じたエッチング処理が必要

工業用クロムめっきについて

工業用クロムめっきの特徴
- 硬さがHv800～1000と高い
- 耐摩耗性が優れている
- 摩擦係数が低い
- 離型性がよい
- 耐食性に優れる

工業用(硬質)クロムめっき(クランクシャフト)

用途
小物 ── ボルト・ナット・歯車・ねじ
中物 ── 切削工具・金型・ピストン・シャフト
大物 ── 製紙用ロール、建機ロッド、船舶用ロッド

めっき工程
素地 → 研磨 → 予備脱脂 → マスキング → 治具取りつけ → 陽極処理(陽極エッチング) → クロムめっき → 研磨

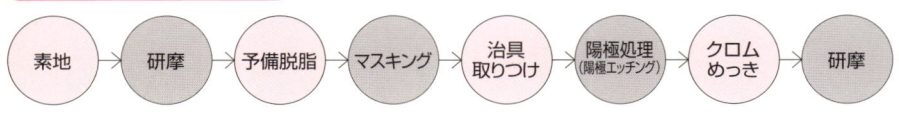

陽極エッチング

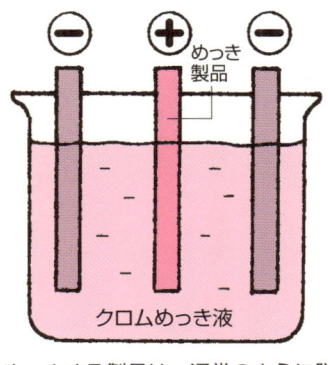

クロムめっき液

材質と陽極処理条件の関係

材質	陽極処理液	めっき厚さ(mm)	処理時間(min)
低炭素鋼	250g/lクロム酸 2.5g/l硫酸	0.005 0.025 0.125～0.25	2～5 (sec) 30～50 (sec) 2～3
高炭素鋼	同上	0.005 0.025 0.125～0.25	15～30 (sec) 1.5～3 1～2
モリブデン鋼(普通)	同上	0.005 0.025 0.125	1 2～3 3～5
ステンレス鋼	10%硫酸に浸漬後同上	0.005 0.025 0.125	10～50 (sec) 15～30 (sec) 1～2

めっき厚さによって処理時間が変わる

めっきする製品は、通常のように脱脂洗浄することができないので、クロムめっき浴中で陽極処理される。クロムめっき厚さや材質により時間を変える。

用語解説
ヒーフ浴：硫酸やフッ化物触媒の代わりに有機酸を用いた工業用クロムめっき浴。

33 鉄をまもる亜鉛めっき

亜鉛めっきの役割

鉄鋼材料はさびやすいことが最大の欠点です。さびの発生は、商品価値を落とし、機械器具、装置および構造物などの性能低下あるいは寿命を短くしますので、大きな経済的損失となります。腐食損失調査結果では、腐食のみによる損失は不明ですが、対策費を含めた腐食損失はGNPの2～4％に相当する額といわれており、莫大な金額が腐食によって失われていることになります。

防食用のめっきとしては、亜鉛めっきが一般に用いられています。亜鉛めっきは鉄に対して自己犠牲作用が働き、亜鉛自らが溶解し、鉄の腐食（赤さびの発生）を抑制する働きをします。しかし、亜鉛めっき表面は大気中で比較的早く白さびが発生します。このための防止策として、亜鉛めっき後にクロメート処理が行われています。亜鉛めっきはクロメート処理との相乗効果により、白さびの発生と亜鉛の溶解を抑制し、長時間にわたり、素地の鉄の腐食を防ぐ働きをします。

一方、北米やカナダに輸出される自動車は融雪剤の散布によって腐食が問題となるため、自動車用鋼板には、亜鉛めっきより耐食性のすぐれた亜鉛系合金めっきが行われています。また、高耐食性が要求されるエンジンルーム内の部品などのめっきにも亜鉛めっきに代わって亜鉛系合金めっきが用いられています。

亜鉛めっき浴には、アルカリ性浴としてシアン化物浴およびシアン物を含まないジンケート浴、酸性浴として塩化亜鉛めっき浴および硫酸亜鉛めっき浴があります。硫酸亜鉛めっき浴は鉄鋼メーカーにおける表面処理鋼板用に使用されており、めっき専業者ではほとんど使用されていません。亜鉛めっき浴の種類と特性をまとめて表に示します。シアン亜鉛めっきは優れた皮膜性能やウイスカが出にくいという長所がありますが、シアン化合物を使用しますので毒性が問題になり、シアン化合物を含まないジンケート浴や塩化亜鉛浴が用いられるようになってきました。

要点BOX
- 亜鉛めっき自身が腐食することにより鉄を護る
- シアン化物浴、ジンケート浴、酸性浴がある
- 素材・製品・目的にあわせてめっき浴を選択する

亜鉛めっきの役割と浴の種類

亜鉛めっきの役割

● 鉄の腐食を防ぐ

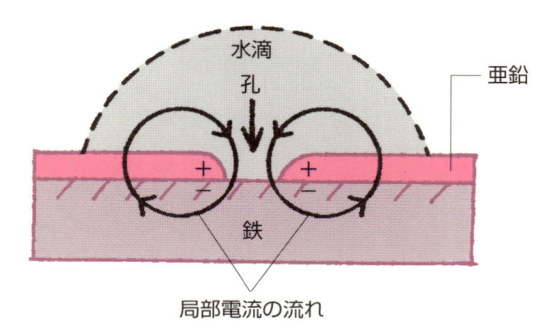

水滴／孔／亜鉛／鉄／局部電流の流れ

鉄上に亜鉛めっきしたときの腐食防止原理

鉄と亜鉛の酸化還元電位は－0.44Vと－0.76Vである。電位の卑な亜鉛が鉄より腐食しやすく、亜鉛が腐食することにより鉄上のピンホールをふさぐ。したがって、亜鉛めっきが厚いほど耐食性がよいことになる。亜鉛めっきにクロメート処理されているのは、腐食しやすい亜鉛を腐食しにくくするためである。

亜鉛めっき浴の種類

シアン化物浴、ジンケート浴、酸性浴がある。シアン化浴は均一電着性がよく、皮膜物性も良いが有毒なシアン化合物を使用する。その代用としてジンケート浴が使用されている。
鋳物や高炭素鋼には、シアン化物浴やジンケート浴でめっきができないので、酸性浴からめっきされている。

各種亜鉛めっき浴の特性

めっき種類 特性	亜鉛めっき		
	シアン化物浴	ジンケート浴	酸性浴
硬さ(Hv)	60〜80	90〜120	70〜90
均一電着性	◎	◎	○
低水素脆性	×	×	◎
鋳物へのめっき	×	×	◎
プレス物へのめっき	◎	◎	◎
ビス、ボルトへのめっき	◎	◎	◎
クロメートの密着性	◎	◎	○

◎:良好　○:普通　×:悪い

用語解説

ジンケート浴：亜鉛を水酸化ナトリウムのようなアルカリに溶解させためっき浴。
ウイスカ：亜鉛がヒゲ状に成長して電子機器を短絡させる。

34 亜鉛の白さびを防ぐ処理

亜鉛めっきの化成処理

亜鉛めっきは鉄に対して犠牲的保護被膜となり、優れた耐食性を示しますが、亜鉛自身が腐食しやすいため、亜鉛の腐食を防止する目的で、クロメート処理を行います。

クロメート処理はクロム酸という六価クロムを含む液に浸漬することにより形成させる皮膜です。クロメート皮膜は、目的により、光沢クロメート、有色クロメート、黒色クロメート、緑色クロメート処理を行っています。クロメート処理皮膜の厚さは、処理方法により異なりますが、0.1～0.5ミクロンくらいの大変薄い皮膜です。しかしながら、皮膜中に含まれる六価クロムの量によリ、耐食性が異なります。表のように塩水噴霧試験による亜鉛めっきの白さび発生までの時間を大幅に延ばすことができます。皮膜中に六価クロムが多く含まれる皮膜ほど、耐食性が優れています。また、皮膜に傷がついて破壊された場合でも、皮膜中に含まれる六価クロムにより、修復されますので、亜鉛めっきの耐食性を向上させる皮膜としては、大変重要な皮膜となります。

ところが、2006年7月からRoHS指令（ヨーロッパにおける有害物質の使用禁止指令）によりヨーロッパに六価クロムを含むクロメート処理を持ち込めなくなりました。また、2007年7月からは、ELV（廃自動車指令）も始まります。六価クロムに代わり三価クロムを用いた化成皮膜が開発され用いられ始めました。

六価クロムによる光沢クロメートと有色クロメート処理に対応した皮膜はクリアと称し、従来の六価クロムによる皮膜より、耐食性がよく、外観も優れた皮膜が開発されています。六価クロムによる黒色クロメート処理に相当する三価クロムによる化成皮膜は、開発途上であり、より安定な皮膜が望まれています。また、クロムを全く用いないタングステン酸、セリウム、タンニン酸を使用した化成皮膜も検討されています。

要点BOX
- 皮膜中の六価クロム量により耐食性が異なる
- 六価クロムが自己修復性をもつ
- 三価クロムを使用した化成皮膜へ

クロメート皮膜と三価クロム化成皮膜

鉄と亜鉛の酸化還元電位は−0.44Vと−0.76Vである。電位の卑な亜鉛が鉄より腐食しやすく亜鉛が腐食することにより鉄上のピンホールをふさぐ。したがって、亜鉛めっきが厚いほど耐食性がよいことになる。
亜鉛めっきにクロメート処理を施しているのは、腐食しやすい亜鉛を腐食しにくくするためである。

クロメート皮膜の工程

亜鉛めっき → 水洗 → 硝酸浸漬 → 水洗 → クロメート処理 → 水洗 → 乾燥

クロメート皮膜の構造

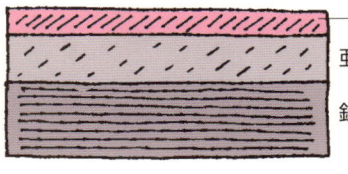

$xCr_2O_3 \cdot yCrO_3 \cdot H_2O$ の皮膜が0.3〜0.5μmの厚さで形成される。クロメート処理液の違いにより皮膜厚さや耐食性が異なる（薄いので断面写真がない）

三価クロムの化成皮膜
$xCr_2O_3 \cdot yCoO_n \cdot zH_2O$

各種クロメート皮膜の耐食性比較の一例（実製品）

種類	白さび発生までの時間	赤さび発生までの時間
装飾光沢クロメート	24時間	240時間以上
有色クロメート	96時間	600時間以上
黒色クロメート（酢酸系）	24時間	240時間以上
黒色クロメート（りん酸系）	96時間	600時間以上
緑色クロメート	240時間	1,000時間以上

（平均亜鉛めっき膜厚8ミクロン）

三価クロムの化成皮膜

六価クロムのクロメート皮膜中に六価クロムが含まれているので有害であり、三価クロムの化成処理が行われるようになってきた。

35 ひげが心配スズめっき

スズめっきは白色の優れた光沢があり、はんだ付け性も優れているために、電子部品には多く使用されています。スズめっき浴は酸性浴と中性浴とアルカリ性浴があります。

酸性浴には、硫酸浴、メタンスルホン酸浴、ホウフッ化物浴があります。このうち、ホウフッ化物浴は排水処理が難しいので、最近、あまり用いられなくなりました。また、チップ抵抗のようなセラミックス素材にめっきする場合には、中性浴が適しますので、中性浴のスズめっきが用いられています。

一方、アルカリ性浴は、スズ酸ナトリウムを使うナトリウム浴と、スズ酸カリウムを使用するカリウム浴があります。いずれも、皮膜が柔軟であるので、圧着端子のように、めっき後折り曲げて使用するものをめっきするために適しています。液の安定性、操作条件、めっき速度、外観などの点で、カリウム浴の方が優れているので、カリウム浴が使用されるようになってきました。

酸性のスズめっき浴は硫酸浴、メタンスルホン酸浴が主に用いられています。スズめっきは光沢に優れ、はんだ付け性がよいので電子部品に多く用いられていますが、ウイスカが出やすいという欠点があります。RoHS指令で鉛フリーが要求されるようになり、鉛を含まないスズめっきが再検討されています。光沢スズめっきは、半光沢や無光沢のスズめっきよりウイスカが出やすいので、半光沢、無光沢スズめっきが多く用いられるようになってきました。また、めっき後リフロー（表面を半溶融させる）することにより、よりウイスカが出にくくなるので、半光沢スズめっきをリフローして使用されています。ラック、バレルによるめっきは硫酸浴が多く使われており、フープめっきは高い電流密度が使用できるメタンスルホン酸浴が使用されています。スズめっきはスズ-鉛合金めっきに代わる鉛フリーのめっきとして、管理がしやすいので増加しています。

スズめっきのウイスカ対策

要点BOX
- 酸性浴、中性浴、アルカリ性浴がある
- 光沢スズめっきは半光沢スズめっきよりウイスカが出やすい
- 半光沢スズめっきをリフローするとウイスカが出にくい

スズめっきと浴の種類

スズめっきとウイスカ

- スズめっきはウイスカが出やすい。
- 光沢スズめっきは半光沢、無光沢よりウイスカが出やすい
- 電子部品は半光沢スズめっき、無光沢めっきが多く用いられる

スズめっきに生成したウイスカ（石原薬品㈱提供）

このようにめっき表面から生成したウイスカは電子機器を短絡（ショート）させる

スズめっき浴の種類

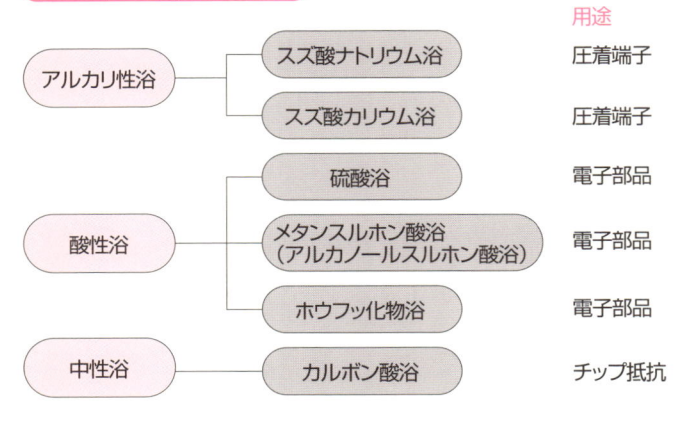

浴の分類	種類	用途
アルカリ性浴	スズ酸ナトリウム浴	圧着端子
	スズ酸カリウム浴	圧着端子
酸性浴	硫酸浴	電子部品
	メタンスルホン酸浴（アルカノールスルホン酸浴）	電子部品
	ホウフッ化物浴	電子部品
中性浴	カルボン酸浴	チップ抵抗

● 第4章　主なめっきとめっき浴

36 酸性浴からのスズめっき

半光沢スズめっきが増加

酸性スズめっき浴としては、硫酸浴とメタンスルホン酸浴が使用されています。硫酸浴の無光沢浴と光沢浴の浴組成を表に示します。

硫酸浴からのめっきは添加剤なしでは、樹枝状のめっきとなり、良好な皮膜が得られません。β-ナフトール、クレゾールスルホン酸などの芳香族有機化合物やゼラチンを併用することにより、均一なめっき皮膜が得られます。これらの添加剤の作用としては、ゼラチンは皮膜の均一化の補助作用、β-ナフトールは電流密度範囲の拡大と被覆力を向上させます。

銀白色の均一な半光沢のスズめっきが電流密度範囲1～10アンペア/平方デシメートル以下の電流密度では灰色となるので、1アンペア/平方デシメートル、2～4アンペア/平方デシメートルの電流密度範囲が最適です。温度は20～30℃で作業します。空気撹拌は浴中の二価のスズを酸化させ、四価スズにしますので、カソードロッカーによる撹拌を行います。なお、撹拌速度は2～5メートル/分とし、めっきする製品に均一に液循環するようにします。

光沢スズめっき浴は、主成分のSn^{2+}の濃度がめっきの光沢範囲に影響を及ぼします。高濃度では均一光沢の得られる電流密度域が高い方に移行し、低濃度では低い方に移行します。したがって、めっき速度を優先したい場合には、高濃度浴を使用し、バレルめっきには、低濃度浴が適しています。硫酸はSn^{2+}の安定化のために必要ですが、通常は50～150グラム/リットルの範囲で100グラム/リットルを標準とします。

光沢剤はアミン-アルデヒド系の有機光沢剤が使用されており、これを浴中に均一に分散させるために、非イオン界面活性剤が使用されています。ホルマリンは補助光沢剤として作用します。使用しないでも均一な光沢を有する浴も開発されています。クレゾールスルホン酸は補助光沢剤として作用し、10～100グラム/リットル添加されています。

要点BOX
- ●半光沢スズめっきは光沢スズめっきに比べてウイス力が出にくい
- ●鉛フリーはんだ代替めっきとして半光沢スズが使用される
- ●下地めっきも重要

酸性スズめっき浴

- 半光沢スズめっきは光沢スズめっきに比べてウイスカが出にくい
- 鉛フリーのはんだ代替めっきとして半光沢スズ浴が有力
- 半光沢スズめっきをリフロー（半溶融状態にする）するとウィスカが出にくくなる
- 下地にニッケルめっきするとウイスカがさらに出にくい

硫酸浴の組成と作業条件

薬剤および条件		浴種類 無光沢浴	光沢浴
硫酸第一スズ　SnSO$_4$	(g/l)	40 (30～50)	40 (30～50)
硫酸　H$_2$SO$_4$	(g/l)	60 (40～80)	100 (80～160)
クレゾールスルホン酸	(g/l)	40 (30～60)	30 (25～35)
ゼラチン	(g/l)	2 (1～3)	
β-ナフトール	(g/l)	1 (0.5～1)	
ホルマリン　(37%)	(ml/l)		5 (3～8)
光沢剤＊　（アミン-アルデヒド系）	(ml/l)		10 (8～12)
分散剤＊＊ (PEGNPE, 15H)	(g/l)		20 (15～25)
浴温	(℃)	20 (15～25)	17 (15～20)
カソード電流密度	(A/dm^2)	1.5 (0.5～4)	2 (0.5～5)
アノード電流密度	(A/dm^2)	0.5～2	0.5～2
アノード純度	(Sn%)	99.9以上	99.9以上
撹拌	(m/分)	適宜	1～2

＊2%ナトリウム溶液中で280mlのアセトアルデヒドと106mlのo-トルイジンを15℃で10日間反応させて得られた沈殿物をイソプロパノールに溶解して20%溶液としたもの
＊＊1モルのノニルアルコールに15モルのエチレンオキサイドを付加した生成物：ポリエチレングリコールノニルフェニールエーテル
(　)内は範囲を示すもの

> はんだめっきは従来Sn－Pbの合金めっきであったが鉛が規制されたため、鉛を用いない半光沢スズめっきやスズ－ビスマス、スズ－銀合金めっきされるようになってきた。

37 不変の輝き 金めっき

金めっきは、ネックレス、イヤリング、仏具、時計部品、かばんの口金などの装飾用部品から、電子部品のめっきまで、幅広く使用されています。装飾用の金めっきは光沢ニッケルめっき上に行われ、金の優れた光沢と耐食性を向上させるために行われています。しかし、最近は装飾用の用途より電子部品へのめっきとして、多く用いられています。そのおもな理由は、①耐食性が優れていること、②経時変化による接触抵抗値の変化が小さいこと、③はんだ付け性がよいこと、④ボンディング性が優れていること、⑤導電性がよいことなどです。

このような理由で、プリント配線板から、コネクタまで広く用いられています。したがって、コンピュータをはじめとする精密な電子機器には金めっきされた部品が多く用いられています。金めっき浴は、表に示すようにアルカリ性浴、中性浴、酸性浴、亜硫酸浴があり、得られる皮膜の純度や特性が異なりますので要求特性に応じためっき浴が選択されています。

半導体部品用の高純度金めっきでは、ワイヤーボンディングの関係から軟質の皮膜が要求されます（Hv 60～110）。この要求を満足させるために、中性浴あるいはアルカリ性浴が選択されています。金の電気伝導性は、銀、銅に次いで優れていますが、金の表面に酸化皮膜を作らないために接点として多く使用されます。コネクタは摺動、挿抜における耐久性から硬質金めっきが要求され、Hv150以上の硬さの金めっきが用いられています。めっき浴中にニッケル、コバルトのような異種金属を添加しますと、硬さがHv130～200まで増大します。通常、これらを添加した酸性浴が用いられています。接点として金めっきする場合、金めっき皮膜自身の腐食よりも、下地金属の腐食による表面の汚染や表面の状態の悪化が重要な問題です。下地金属にパラジウムのような金に近い電位の金属をめっきすることにより対策されています。

やはり金めっき

要点BOX
- イヤリング・ネックレスなどの装飾用に
- 酸化皮膜を作らない耐食性のよいめっき
- 接触抵抗が低いので接点に最適

金めっきの用途と浴の種類

金めっきの主な用途

装飾用部品 ── ネックレス、イヤリング、仏具、時計部品など
電子部品 ── ICヘッダー、リードフレーム、コネクタ

金めっきの主な特徴

① 耐食性に優れる
② 経時変化による接触抵抗値の変化が少ない
③ はんだ付け性がよい
④ 導電性がよい
⑤ ボンディング性がよい

金めっきされたプリント配線板の接点

（全国鍍金工業組合連合会発行「電気めっきガイド」より引用）

金めっき浴の分類

浴の種類	主な組成	pH	主な用途	特徴
アルカリ浴	シアン化金カリウム シアン化カリウム	8.5～13.0	装飾用：装身具、喫煙具 工業用：電子部品	60～110Hvで やわらかい ピンホールができやすい
中性浴	シアン化金カリウム EDTA りん酸	6.0～8.5	装飾用：装身具、時計側 工業用：ICヘッダー、 　　　　リードフレーム、 　　　　トランジスタ	高電流密度が使える 高純度の金が得られるので、 半導体部品に用いられる
酸性浴	シアン化金カリウム クエン酸 Co塩、Ni塩	3.0～6.0	合金：接点用部品、 　　　プリント基板 純金：ICヘッダー	皮膜が硬く、 耐摩耗性が優れている ピンホールが少ない
ノーシアン浴	亜硫酸金 亜硫酸	6.0～11.0	合金：コネクタ、 　　　時計側、スイッチ、 　　　プリント基板 純金：コネクタ、 　　　プリント基板	シアンを使わない 析出速度が遅い 分解しやすい

38 白い光沢銀めっき

電気伝導性のよい銀めっき

銀は、電気伝導性が金属中でも最も優れていますのでめっきとしても多く使われています。また、はんだ付け性がよく、ボンディング性も優れているので、リードフレーム、各種スイッチ、端子、接点などに用いられています。とくに、重電機部品の断路器（40から80ミリクロン）、がいし端子、変圧器端子、分電盤、配電盤のブスバーなどに用いられています。さらに、潤滑性、焼き付き防止性、シール性が優れているので、工業用としても、軸受け、かん合部品、メカニカルシールなどの部品に多く用いられています。銀は白色の優美な外観ですが、空気中で酸化されやすく、微量の硫化物により、黒変しやすい、マイグレーションが起こりやすいという欠点があります。

銀めっきは、シアン化物浴が主流で、一部非シアン化物浴も開発されていますが、現在でも工業的にシアン化物浴が広く利用されています。表に各種銀めっき浴の組成を示します。めっき浴はシアン化銅めっきと同様にシアン化銀をシアン化カリウムにより、溶解させます。浴中に遊離シアン化物が必要であり、遊離シアンの働きは、錯塩形成剤として働き、銀置換めっきを最小限にする（遊離シアンが少なくなると、置換めっきが生成しやすくなります）、など多くの作用があり、遊離シアンの管理が最も重要です。光沢銀めっきは、添加剤としてセレン化合物、アンチモン酸カリウム、キサントゲン酸などが用いられます。

シアン化物めっき浴中で銀は、金より貴な電位を示しますので、素地金属に置換めっきが生成しやすくなります。この皮膜は密着性が劣りますので、ストライクめっき（置換めっきが起こりにくいめっき浴で短時間銀を析出させます）が必要です。ストライク銀めっき浴は銀濃度が1.5〜2.5 g/L で、遊離のシアン化合物が非常に多い組成です。

ICのリードフレームには、高速タイプの銀めっき浴を用いて、特殊な装置でめっきされています。

要点BOX
- ●銀は電気伝導性がよいが変色しやすい
- ●酸化銀・硫化銀で黒くなる
- ●銀はマイグレーションが起こりやすい

銀めっきの特徴

長所
① 電気伝導性に優れる
② はんだ付け性がよい
③ ボンディング性に優れる

（用途：リードフレーム、各種スイッチ、接点、端子など）

④ 潤滑性、焼き付き防止性シール性に優れる

（用途：軸受け、かん合部品、メカニカルシール部品）

短所
① 空気中で酸化されやすい
② 微量の硫化物で黒変しやすい
③ マイグレーションが起こりやすい

銀めっきはマイグレーションが起こりやすい。湿度が高く、電位がかかると銀が成長する。これにより電子部品が短絡（ショート）する。

銀めっき浴

	装飾用	工業用	ストライク用
	普通浴(g/l)		II (g/l)[a]
シアン化銀	30～55	45～50	1.5～3
銀として	24～44	36～40	－
シアン化カリウム	50～78	65～72	75～90
遊離シアン化カリウム	35～50	45～50	－
炭酸カリウム	15～90	45～80	－
硝酸カリウム	－	40～60	－
水酸化カリウム	－	10～14	－
光沢剤	適量	適量	－
浴温（℃）	20～28	42～45	22～30
電流密度(A/dm^2)	0.5～1.5	5～10	1.5～3

a) 鉄鋼用二次ストライクおよび非鉄金属用ストライク浴

☆ 銀めっきはシアン化浴が主流。非シアン化物浴も一部開発されているが、工業的にシアン化物浴が広く利用される

☆ 浴中の遊離シアンの働きが重要で、遊離シアンの管理は最も重要

用語解説
マイグレーション：水分のある溶液中で溶解した銀イオンに電位がかかり、樹枝状に成長する現象。

39 増え続ける無電解ニッケルめっき

無電解ニッケルめっきの利点

無電解ニッケルめっきは年々増加の傾向をたどり、年率5％以上の伸びを示しています。無電解ニッケルめっきが多く用いられるようになってきた主な理由は次のようです。

① 電気めっきと異なり、電流分布の影響がないので、複雑な形状の部品に均一にめっきできます。このような特性から、精密機械部品、精密金型、ねじなどに適用されています。② 非電導性の素材であるプラスチック、セラミックスから各種の金属素材まで、幅広い素材にめっきできます。エンジニアリングプラスチック、セラミックスなど素材の持つ特性とめっきする金属の特性を巧く利用して、応用範囲を広めています。③ めっき皮膜中には還元剤に起因するりんやほう素などが共析して、非晶質構造となり、その結果、耐食性が向上すること、磁性がなくなることなどの目的とする機能を有する皮膜を得ることができます。

また、りんやほう素の含有量により、めっき皮膜の電気抵抗が異なるので、セラミックス上にめっきし、抵抗体として使われています。無電解ニッケルめっきは電子部品にも多く用いられており、プリント配線板関係では独立回路（接点が取れない回路）に無電解ニッケルめっきが行われ、その上に無電解金めっきされています。表に主な用途を示します。

りん含量10％以上の無電解ニッケルめっきは析出状態に関係なく非磁性です。最近用いられなくなりましたが、ハードディスクはアルミニウム素材上にジンケート処理をして、この高りんタイプの無電解ニッケルめっきを行い、その上に磁性薄膜がコーティングされていました。

無電解銅めっきと無電解ニッケルめっきがそれぞれ電波と磁波を防止するために電磁波シールドの目的でパソコン、携帯電話、デジタル家電の筐体に使用されています。このように無電解ニッケルめっきが電子部品をはじめとして、機能的分野で幅広く使われています。

要点BOX
- めっき厚さが均一である
- 非晶質で耐食性が優れている
- 熱処理すると硬くなる

無電解ニッケルめっきの用途と特徴

無電解めっきは増え続ける。ーその理由は

① 複雑な形状の部品に均一にめっきできる
② プラスチックやセラミックおよび非電導性の金属にも広くめっきできる
③ 目的に機能する皮膜を得ることができる

無電解めっきの産業分野での用途

産業分類	適用部品	目的
自動車工業	ディスクブレーキ、ピストン、シリンダ、ベアリング、精密歯車、回転軸、カム、各種弁、エンジン内部	硬度、耐摩耗性、焼き付き防止、耐食性、精度など
電子工業	接点、シャフト、パッケージ、バネ、ボルト、ナット、マグネット、抵抗体、ステム、コンピュータ部品、電子部品など	硬度、精度、耐食性、はんだ付け性、ろう付け性、溶接性など
精密機器	複写機、光学機器、時計などの各種部品	精度、硬度、耐食性など
航空・船舶	水圧系機器、電気系統部品、スクリュー、エンジン、弁、配管など	耐食性、硬度、耐摩耗性、精度など
化学工業	各種バルブ、ポンプ、揺動弁、輸送管、パイプ内部、反応槽、熱交換器など	耐食性、汚染防止、酸化防止、耐摩耗性、精度など
その他	各種金型、工作機械部品、真空機器部品、繊維機械部品など	硬度、耐摩耗性、離型性、精度など

活字のような細い凹凸のある製品でも均一にめっきできる
無電解ニッケルめっき
（プリンタ活字）

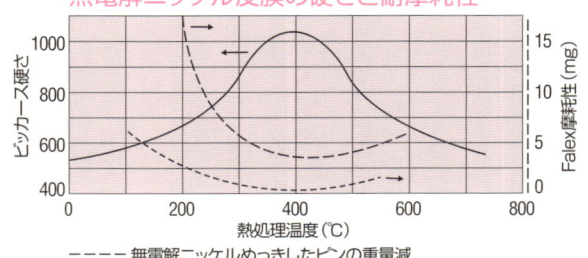

無電解ニッケル皮膜の硬さと耐摩耗性

----- 無電解ニッケルめっきしたピンの重量減
------ 無電解ニッケルめっきしたV-ブロックの重量減

無電解ニッケルめっきを400℃で熱処理すると皮膜が硬くなり、耐摩耗性が向上する。

用語解説

ジンケート処理：アルミニウムに置換めっきで亜鉛を析出させる方法。

●第4章 主なめっきとめっき浴

40 用途の広い無電解ニッケル－りんめっき

皮膜中のりんがきめて

次亜りん酸塩を還元剤とする無電解ニッケルめっきはニッケル－りんの合金皮膜が得られ、ほう水素化物を還元剤とするニッケル－ホウ素合金めっきに比べ、①価格が安いこと、②液の安定性が優れていること、③りん含有率の違いにより異なる性質の皮膜が得られること、などの要因により、工業的に最も普及しています。

表に酸性タイプ無電解ニッケルめっき浴の浴組成の例を示します。無電解ニッケルめっきでは、次亜りん酸塩によって、溶液中のニッケルイオンが還元されると同時にりんも還元されて、皮膜中に共析します。

このようにめっき浴中には、ニッケル塩、還元剤、錯化剤、安定剤が含まれており、めっき速度および皮膜特性は浴組成により変化します。

次亜りん酸塩の酸化に伴って放出される電子によってニッケルイオンが還元されますので、次亜りん酸塩の濃度に比例してめっき速度が増加します。皮膜中のりん含有率は次亜りん酸塩の増加に伴って増加す

る傾向を示します。

錯化剤を単独で使用した場合にはめっき速度はその添加量に従っていったん増加した後に極大値を経て減少する傾向を示します。一般に、強い錯化剤を使用するとめっき速度は遅くなり、りん含有率の高い皮膜が得られます。

無電解めっきはめっき浴の温度とめっき浴のpHに影響されやすく、温度が高くなると析出速度が速くなります。通常、90℃で作業するのは、このためです。温度が10℃下がると析出速度が約半分になりますので、めっき浴の温度分布を均一にすることが必要です。無電解ニッケルはめっき中に水素ガスが多量に発生しますので、pHが低下します。pHが低くなると析出速度が低下し、りん含有率が上昇します。自動浴管理装置により、pHの変動を少なくしています。

皮膜中のりん含有率により耐食性、磁性、はんだ付け性が異なりますので、りん含有率の制御も重要です。

要点BOX
- ●皮膜中にりんが取り込まれる
- ●りん含有率10％以上で高い耐食性を示す
- ●めっき条件によりりん含有率が異なる

無電解ニッケルめっきについて

無電解ニッケルーりんめっきの特徴

①ニッケルーほう素めっきに比べて、耐食性が優れている。また、価格が安い
②液の安定性が優れている
③りん含有率の違いにより性質の異なる皮膜が得られる
④りん含有率が8％以上になると、非磁性であり、耐食性が優れている

めっき浴組成

酸性無電解ニッケルめっき浴

浴種	1	2	3
硫酸ニッケル	21g/l	30g/l	16 g/l
次亜りん酸ナトリウム	25 g/l	10 g/l	24 g/l
乳酸	27 g/l	—	—
プロピオン酸	2.2 g/l	—	—
酢酸ナトリウム	—	10 g/l	—
コハク酸ナトリウム	—	—	16 g/l
リンゴ酸	—	—	18 g/l
クエン酸ナトリウム	—	—	—
鉛イオン	1ppm	—	3ppm
pH	4.6	4-6	5.6
浴温	90℃	90℃	100℃

浴組成および作業条件の影響

①錯化剤濃度が増えると析出速度が遅くなる
②還元剤濃度が増加すると析出速度が速くなる
③温度が高くなると析出速度が速くなる。通常90℃で作業する温度が10℃下がると析出速度が低く、約1/2となる
④pHが水素ガスの発生により徐々に低くなる。自動浴管理装置が必要

このように30μmの厚さでも均一にめっきが析出する
無電解ニッケルーりん合金めっき
顕微鏡写真（膜厚30μm）

41 無電解銅めっき

プリント配線板のスルーホールめっき

無電解銅めっきは、プラスチック、セラミックスなど非導電性素材の上へのめっきに主に用いられています。電子部品関連では特にプリント配線板に広く利用されています、ロシェル塩を錯化剤とした薄付け浴はスルーホールめっきにおける電気銅めっきの下地導電化処理に、EDTAを錯化剤とした厚付けタイプの無電解銅めっき浴は、必要とする配線回路導体層の形成を行うアディティブ法によるプリント配線板に利用されています。

これらの無電解銅めっき液には、いずれも還元剤にホルマリンが使用されていますが、ホルマリンは安価で取扱いが容易である反面、蒸気圧が高く、環境や人体に悪影響を及ぼす危険性（発癌性など）が指摘されており、昨今、ホルマリンに代わる還元剤の使用が検討されています。

無電解銅めっき浴の基本成分は表に示すように、金属塩、錯化剤、還元剤、pH調整剤等からなり、その他に安定剤や物性改良剤などが必要により添加されています。無電解銅めっき浴には、錯化剤にロシェル塩（L-酒石酸カリウムナトリウム4水和物）を使用し、低温で銅を析出させる薄付けタイプの浴と、錯化剤にEDTAを使用し、高温で銅を析出させる厚付けタイプの浴に分類されます。無電解銅めっきの反応速度は、錯化剤の相違はもとより、銅イオンの濃度、温度、pH、撹拌などのいろいろな要因によって大きく影響されますが、一般的には、銅濃度、浴温度、pHは高いほど、銅の析出反応は大きくなり、撹拌は強い程反応速度は低下する傾向にあります。無電解銅めっきの析出速度は電気銅めっきに比べると遅く、皮膜の物性、特に機械的特性は、電気めっきの銅に比べて劣ります。また、最近、電磁波シールドを目的にする無電解銅めっきも電子機器などのシールドに用いられるようになってきました。この目的には、厚付けタイプの無電解銅めっきが用いられています。

要点BOX
- 薄付け用めっき浴は電気めっきの下地めっきに利用
- 厚付け用めっき浴は回路形成や電磁波シールド用
- 錯化剤の違いで薄付け用と厚付け用に分けられる

無電解銅めっきの用途と浴成分の影響

無電解銅めっきの用途

- 主としてプラスチックやセラミックスなど非導電性素材へめっき
- プリント配線板へのスルーホールめっき
- アディティブ法は無電解銅めっきで回路を形成する
- パソコン、携帯電話の筐体に電磁波シールドの目的でめっきする

アディティブ法

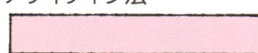

①銅をはっていない樹脂製基板

穴あけ

②穴あけ

レジスト印刷

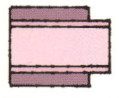

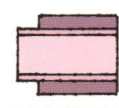

③めっきをつけたくない部分にレジストを印刷する

エッチング

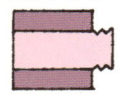

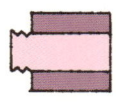

④めっきがつきやすいように表面粗化する

無電解銅めっき

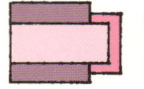

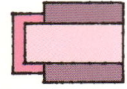

⑤厚付けの無電解銅めっき（約20μm）

レジスト除去

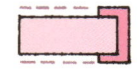

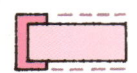

⑥レジスト除去

無電解銅めっき浴の基本成分と作業条件

浴成分と作業条件		薄付け浴（低温浴）	厚付け浴（高温浴）
浴成分	金属塩 錯化剤 還元剤 pH調整剤 安定剤 添加剤	硫酸銅など ロシェル塩 ホルマリン 水酸化ナトリウム CN、S、Fe^{2+}	硫酸銅など EDTA ホルマリン 水酸化ナトリウム CN、S、Fe^{2+} ・2,2'-ジピリジル ・2-メルカプトベンゾチアゾール ・グリシン
作業条件	浴pH 作業温度 析出速度 めっき厚（Max）	12.2～12.5 20～30℃ 0.25～0.38μm/h 0.5μm	12.2～13.0 60～70℃ 5μm/h 7～10μm

無電解銅めっき浴成分の影響

①無電解銅めっきの析出速度と安定性は錯化剤の影響が大きい

②銅濃度、浴温度、pHが高いほど析出速度が速くなる

③撹拌は強いほど析出速度が低下する

Column

ピットとピンホール

めっき皮膜の欠陥に「ピット」と「ピンホール」があります。

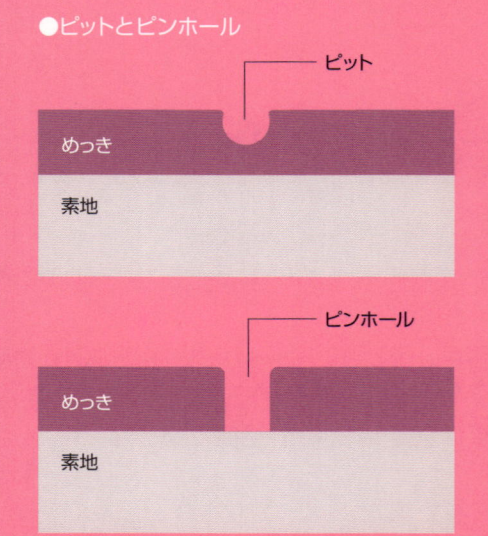

「ピット」とは、めっき中に発生する水素ガスがめっき表面に付着して、めっきの析出を邪魔することにより、くぼみを生成させることです。「ピット」の発生を防止するためには、①撹拌を行う、②めっき浴の表面張力を下げるなどの方法がとられています。

ピットは比較的電流効率のよいめっき浴にできやすく、クロムめっきやシアン化物の亜鉛めっきでは、比較的に少なく、ニッケルめっき、スズめっきなどでは多く見られます。とくに、ニッケルめっきは「ピット」ができやすく、めっき浴中に、「ピット」防止剤と呼ばれる界面活性剤が用いられています。

一方、「ピンホール」とは、めっきする素材まで貫通する針状に起こりやすくなります。の穴です。「ピンホール」は素材の欠陥や素材の脱脂不良などが原因で起こり、素地に貫通している穴であるので、耐食性が悪くなります。

「ピンホール」は素材の表面が粗く、介在物などの異物が存在する場合に起こりやすくなります。

一般的に、「ピンホール」は薄いめっきでは、当然多く存在し、厚さが厚くなるほど減少します。平滑な素材で、「ピンホール」がなくなるめっき厚さが13ミクロンといわれています。

● ピットとピンホール

ピット
めっき
素地

ピンホール
めっき
素地

第5章

めっきと前処理

42 めっきは前処理で決まる

現在は新しい素材の時代といわれて、多くの素材が開発されています。また、それぞれの素材に種々の特性を持たせるために表面処理が行われています。最も多く用いられている鉄鋼でも、多くの改良がなされた素材がめっきする素材として、用いられるようになってきました。しかしながら、これらの改良はめっきの難易にはあまり関係がありません。

例えば、快削黄銅は鉛を添加し切削性を向上させています。しかし、めっきする観点からいえば、切削したときに鉛が表面層にあり、鉛は通常の酸処理では溶解せず、密着性を悪くしやすいので改良とはいえません。

また、軽量化のために、アルミニウム、マグネシウム、エンジニアリングプラスチックなどが使用されています。このように、多くの素材が種々の目的で用いられていますが、表面の耐摩耗性や耐食性を向上させるためにめっきが必要になります。

これらの素材にめっきするためには、その素材に合った前処理を行わなければなりません。

各種素材のめっき前の注意点としては、①めっきする目的、用途、使用環境などを把握しておくこと。②めっきする素材の材質を確認し、JISの規格の素材であれば、その番号により、組成、特性、不純物などを調べておくこと。③熱処理の有無、その熱処理が大気中、真空中、不活性ガス中などの情報も確かめておくこと、などの注意が必要になります。

金属表面には、図に示しますように、指紋やプレス油、研磨剤のような有機物層、金属により性質の違う酸化物層があります。この有機物層と酸化物層を完全に除去しないことには金属と金属の金属間結合が形成されず、優れた密着性が得られません。有機物層の除去は脱脂工程で行いますが、それぞれの汚れを除去しやすい溶剤脱脂、浸漬脱脂、電解脱脂により除去しています。次に酸化物層の除去ですが、通常はその金属の酸化物を溶解させやすい酸を選択しています。

要点BOX
- ●素材に適した前処理
- ●素材の確認を行う
- ●油脂類、酸化物層の除去を行う

密着不良は前処理不良

前処理の重要性

素材
- 鉄合金
- アルミニウム
- マグネシウム
- エンジニアプラスチック

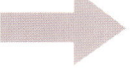

→ そのままではめっきできない

まず
- めっきする目的、用途、使用環境を把握する
- 素材の組成、特性、不純物など材質の確認をする
- 熱処理の有無などを調べる

めっきしやすいように前処理が必要

> 金属の表面に付着している油、指紋などがあると良いめっきは得られない

実用金属材料の断面の模式図

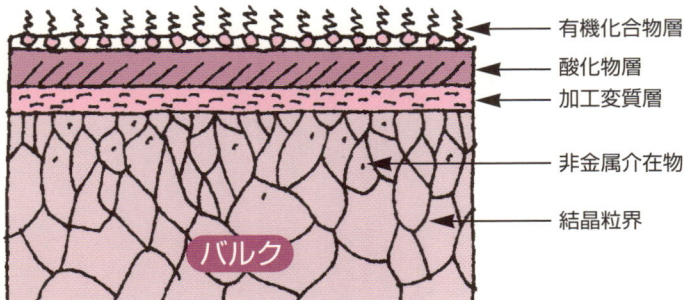

- 有機化合物層
- 酸化物層
- 加工変質層
- 非金属介在物
- 結晶粒界
- バルク

金属の表面には油、指紋などの有機化合物層と酸化物層とがある。これらを脱脂工程、酸処理工程で取り除かないと完全な密着性が得られない。
めっき（金属）と素地（金属）との間で金属間結合しないと優れた密着性が得られない。

43 効果的な脱脂

油脂類を完全に取り去る

油脂には、鉱物性油脂と動植物性油脂があります。このうち鉱物性油脂は、溶剤脱脂を用いないと除去しにくく、従来はトリクロロエチレンなどの塩素系有機溶剤が使用されていました。しかしながら、オゾン層の破壊、塩素系有機溶剤の毒性などの問題から溶剤脱脂を用いず浸漬脱脂、電解脱脂などのアルカリ水溶液のみによる脱脂が行われるようになってきました。

浸漬脱脂浴は各種アルカリ薬品を組み合わせて使用されています。銅、亜鉛などは強いアルカリでは、素材が溶解して表面が荒れてしまうので、それぞれの素材にあった脱脂浴を選択することが必要です。通常、アルカリ浸漬脱脂のみでは、脱脂が十分にできないので、電解脱脂を仕上げ脱脂として、使用しています。

電解脱脂法には、表に示しますように、陰極で脱脂する方法と陽極で脱脂する方法があります。陰極で脱脂する方法は、水素ガスで洗浄するので、洗浄効率が高く、めっきする製品を酸化しにくいのですが、水素脆性（素材に水素を吸蔵してもろくなる）を引き起こしますので、高炭素鋼には使えません。陽極電解脱脂は酸素で洗浄しますので、スマットを除去でき、水素脆性も引き起こしません。しかしながら、ニッケル表面やステンレス表面に酸化膜を生成させてしまうことがありますので、電解脱脂浴の選択も重要です。このように電解脱脂も陰極で脱脂する場合と陽極で脱脂する場合に一長一短がありますので、両者を併用したPR電解脱脂（陽極と陰極を設定時間ごとに交互に行う方法）もあります。溶剤による脱脂が行えなくなりましたので、超音波を浸漬脱脂浴に導入することや、電解脱脂で、高速反転電流を用いた脱脂を行い効果的な脱脂を行う試みもなされています。

脱脂工程は、めっきの密着性やピンホールを通じての耐食性などにも影響を及ぼす非常に重要な工程です。めっきの密着不良の80％は脱脂不良といわれています。脱脂浴の管理も十分行う必要があります。

要点BOX
- ●鉱物性油脂と動植物性油脂が付着している
- ●溶剤脱脂が行えないようになってきた
- ●効果的な電解脱脂の選択

脱脂工程について

脱脂工程
- めっきする製品に付着している油、指紋などを取り除く
- 油の種類により、とれやすさが違う
- 浸漬脱脂、電解脱脂など複数の工程で脱脂する
- 電解脱脂は仕上げ脱脂として使用する

浸漬脱脂
- アルカリ性溶液で油脂をけん化して取り除く
- 銅、アルミニウムはあまり高いpHの脱脂浴が使用できない
- 超音波を併用すると脱脂効果があがる

電解脱脂
- 水を電気分解すると陰極で水素ガス、陽極で酸素ガスが発生する。そのガスによる洗浄作用を利用する
- 陰極で脱脂する方法を陰極電解脱脂、陽極で脱脂する方法を陽極電解脱脂と呼ぶ。両方を交互に使用する方法をPR電解脱脂という

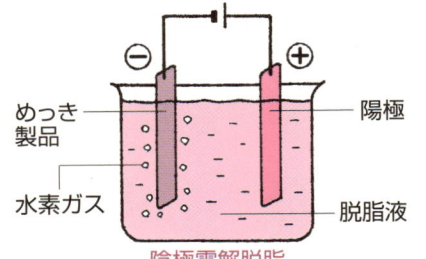

電解脱脂浴の比較
- 陰極で脱脂するほうが陽極で脱脂するより洗浄効果が高い(水素ガスは酸素ガスに比べて2倍発生する)
- 陰極で脱脂すると水素脆性(素材に水素が吸蔵されてもろくなる現象)が起こりやすい
- 陽極で脱脂すると金属を不動態化させやすい
- これらの長所・短所を補う目的でPR電解脱脂が行われている

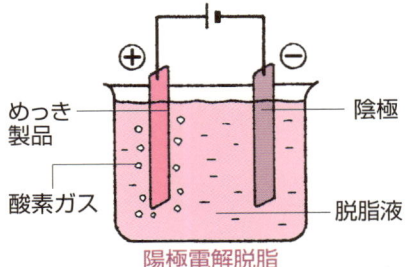

脱脂方法の分類

	陰極電解	陽極電解	PR電解
主な働き	脱脂 脱スケール	脱スマット	脱脂 脱スケール
発生ガス	水素(H_2)	酸素(O_2)	H_2, O_2
発生ガス量	2	1	1〜2
スマット	生成する	生成しない	(+)主体で生成なし
汚れの付着	再付着	酸化膜生成	(−)時は再付着
水素脆性	起こす	起こさない	少ない

用語解説
- **スマット**:すす状の物質(主にカーボン)。
- **水素脆性**:素材に水素を吸蔵してもろくなる性質。
- **PR**:Periodic Reverse の略。

44 何のために酸処理をするのか

酸処理の目的

金属の表面は、大気中の酸素と反応して必ず酸化物層が形成されます。たとえば、ニッケルめっき上に生成する酸化物層とクロムめっき上に生成する酸化物層を比較しますと、かなり性質が違うことがわかります。

ニッケルめっき後に生成する酸化物は、はじめはあまり厚い皮膜ではなく、徐々に酸化皮膜が厚くなります。したがって、めっき直後は水洗水中で洗浄しても、層のめっきと密着性を阻害するような酸化皮膜ができません。ところが、水洗水中に長時間放置することや、空気中で長時間置くと上層のめっきと密着性がよくない酸化皮膜が形成されます。一方、クロムめっきは、めっき後すぐに約5ナノメトルの厚さの透明な酸化皮膜が瞬時に形成され、この上にはクロムめっき以外のめっきは密着しません。クロムめっきの酸化皮膜もニッケルめっきの酸化皮膜も酸化性の酸には溶解しません（ニッケルは薄い硝酸には溶解しませんが、濃い硝酸には溶解します）。クロムめっき表面の酸化皮膜は還元性の酸

である塩酸に容易に溶解します。このように金属の表面にそれぞれの性質の酸化皮膜が形成されています。したがって、効果的な酸処理を行うためには、それぞれの金属に生成する酸化皮膜の性質を十分理解して、その金属に合った酸処理が必要になります。表に酸化性の酸と還元性の酸を示します。

酸化物層を除去するために次のような酸処理が行われています。①熱処理、高温加工などにより金属の表面に厚くできたスケールを取り除くため比較的長時間、酸処理液に浸漬する方法であるピックリング処理 (Pickling)。②大気中で金属表面に生成した目にみえない不動態皮膜を取り除く方法であるディッピング処理 (Dipping)、めっき工程での活性化はこの方法にあたります。③冷間加工などによって生じた金属材料表面の加工変質層を除去し、ひずみのない結晶面を出す方法であるエッチング処理 (Etching) が、行われています。

要点BOX
●金属に生成する酸化皮膜の性質は金属により異なる
●酸化皮膜を取りやすい酸を選定する
●酸化皮膜を瞬間的に生成する金属もある

酸処理の目的

- 酸化物層の除去
  - ピックリング処理 ― 熱処理、高温加工などにより金属表面に厚くできたスケールを除去―めっき工程中の酸処理
  - ディッピング処理 ― 大気中で金属表面に生成した目に見えない不動態皮膜を除去―めっき工程中の活性化
  - エッチング処理 ― 冷間加工などによって生じた金属材料表面の加工変質層を除去―ひずみのない結晶面を出す

酸の性質と酸化皮膜の除去

酸の種類	代表的な酸	酸化皮膜を除去できる金属
酸化性酸	硝酸 硫酸＋過酸化水素 クロム酸	銅および銅合金 クロム
還元性酸	塩酸 フッ酸	クロム、ステンレス
混酸（酸化性酸と還元性酸）	硝酸:フッ酸 硝酸:塩酸	チタン 貴金属

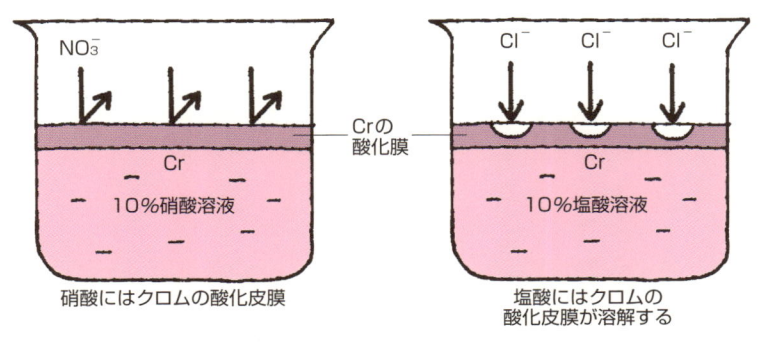

NO_3^-　　Crの酸化膜　　Cr　10％硝酸溶液
硝酸にはクロムの酸化皮膜

Cl^-　Cl^-　Cl^-　Cr　10％塩酸溶液
塩酸にはクロムの酸化皮膜が溶解する

クロムの酸化皮膜は硝酸イオンには侵されないが塩化物イオンには侵される

用語解説
ピックリング処理：鉄上に生成した黒皮（厚い酸化膜）を取り除くための長時間の酸処理。
ディッピング処理：めっきの前の活性化のように短時間酸処理すること。

45 鉄鋼材料の効果的な酸処理

さびを取り除く方法

酸浸漬には、硫酸、塩酸など使われます。これらの酸が鉄のさびやその他の金属の酸化物、水酸化物を溶解させる速さは濃度と温度に大きく影響されます。塩酸および硫酸のさびを溶解させるために要する時間を表1に示します。濃度、温度により影響されることがわかりますが、濃度、温度が同じであれば硫酸よりも塩酸を使う方が早くさびを除去できることがわかります。これは塩酸の方がさびの溶解度が高いからです。しかし、塩酸を加温するとガスの発生が活発になりますので、作業環境を悪くします。加温する場合は硫酸を用いる方が良いでしょう。

金属が焼き入れ、焼きなましなどの熱処理や熱間加工を受けた場合、その表面に厚い酸化物層、すなわちスケール（Scale）が生じます。570℃より高温では素材表面からFeO、Fe3O4、Fe2O3の組成の酸化物が生成し、570℃以下の温度ではFe3O4を生成します。後者の酸化皮膜はヘアーピンに使用されている青い酸化皮膜であり、10%くらいの塩酸で容易に除去できます。一方、前者の酸化皮膜は薄い塩酸では、除去できません。このように、同じ鉄鋼であっても、酸化皮膜の除去しやすさが異なります。

鋼はASTMにより便宜的に炭素含有量が0・3～5％未満のものを低炭素鋼と以上のものを高炭素鋼とに分類されています。低炭素鋼は一般にめっきしやすく、高炭素鋼は水素脆性を受けやすいので、長時間の酸洗いはさけなければなりません。高炭素鋼に長時間酸洗いを行いますと炭素に起因するスマットが生成し、密着性を悪くします。スマット除去には、表2に示すスマット除去の溶液で除去するか、陽極電解脱脂を行います。また、高炭素鋼上へのめっきは、水素脆性をできるだけ避けたいので、厚い酸化皮膜がある場合はサンドブラスト、ショットブラストなどの機械的処理により酸化膜を除去して、できるだけ短時間の酸処理を行います。

要点BOX
- ●硫酸と塩酸ではさびの溶解速度が違う
- ●熱処理温度により酸化皮膜厚さが変わる
- ●高炭素鋼の酸処理は水素脆性とスマットに注意

鉄鋼材料の酸処理

表1 塩酸および硫酸でのさび除去に要する時間

酸	濃度〔重量%〕	酸の温度〔℃〕	さび除去に要する時間〔min〕
硫酸	2	20	135
塩酸	2	20	90
硫酸	25	20	65
塩酸	25	20	9
硫酸	10	18	120
塩酸	10	18	18
硫酸	10	60	8
塩酸	10	60	2

☆鉄のさびや、その他金属の酸化物や、水酸化物を溶解させる速さは濃度と温度によって違う
☆温度や濃度が同じなら硫酸より塩酸の方が早くさびを除去
☆加温が必要なときは塩酸より硫酸

生成される酸化物
Fe_2O_3
Fe_3O_4
FeO
薄い塩酸では除去できない
鉄
570℃以上の熱処理

生成される酸化物
Fe_3O_4
(テンパーカラー)
10%くらいの塩酸で除去
鉄
570℃以下での熱処理

鉄を熱処理したとき570℃以上と570℃以下では酸化膜の生成の仕方が違う。570℃以下でできた酸化膜は酸浸漬で容易に取り除ける

表2 スマット除去のための溶液

スマット除去	過マンガン酸カリウム 60〜90g/l 水酸化ナトリウム 120〜150g/l	80℃

用語解説
スマット：炭素によるすす状の物質。

46 特殊鋼にめっきするには

鋳鉄は通常の鋼材に比べて、炭素やケイ素の含有量が多く、電気めっきするうえでは密着不良などの問題が多く発生します。鋳鉄の炭素量は3.0～4.0程度であり、一般的な機械構造用炭素鋼の0.05～0.7％の炭素量に比べて非常に多いため、前処理の酸洗いにより素地の溶解量、スマットの生成の仕方が異なるので、注意が必要です。表には鋳鉄の酸処理方法を示しました。鋳鉄は炭素量が多いので、水素過電圧が小さく、電流効率が低くなりやすいので、亜鉛めっきや、クロムめっきの場合には、めっきが析出しないことがあります。

焼結合金は表面層に多数の孔があいており、めっき液や酸洗い液がめっき後、にじみ出てきて、腐食や変色の原因になります。したがって、注意深く水洗しなければなりません。温水と冷水の交互水洗や冷水洗に超音波を適用することが有効な方法です。しかし、この方法でも限りがあり、孔の中に樹脂を含浸させる方法が最も確実な方法です。

イオウ快削鋼は、鋼材の被切削性を向上させるため、イオウ分を0.2％程度含有させ、硫化マンガンとして組織中に混在させています。これが圧延方向に延びて、切削時に切り欠き効果と潤滑効果によって切削しやすくしています。硫化マンガンは割合希薄な酸にも溶解しやすく、めっきの密着不良が生じやすいので、短時間の酸処理を行います。

42アロイとは、42％ニッケルを含んだ鉄系のリードフレーム材です。ICを乗せる部分にめっきする場合は、主に銀めっきされています。この上にめっきする場合は、溶剤洗浄、浸漬脱脂、電解脱脂後活性化処理を行います。次に25wt％硫酸（166ミリリットル濃硫酸（98％））を電解液として、始めに2アンペア/平方デシメートルで10分間陽極電解処理して、次いで20アンペア/平方デシメートルで2分間酸化処理し、最後に20アンペア/平方デシメートルで2～3秒間陰極電解処理をします。

特殊な鉄の処理法

要点BOX
- ●鋳鉄の酸処理
- ●焼結合金へのめっき法
- ●イオウ快削鋼へのめっき

特殊鋼の酸処理法

特殊鋼上へのめっきの注意点

- 強い酸で処理をするとスマット(すす状の物質、カーボン)が生じやすい
- スマットがあると密着性を悪くする
- ケイ素が多いケイ素鋼板はフッ化物でケイ素を取り除く
- 焼結合金は多数の穴があいているので、水洗を十分にする

鋳鉄の酸処理

目的	浴組成		条件
酸洗い	硫酸 塩酸	125ml/l 125ml/l	常温
酸化皮膜除去	硫酸	25〜30vol.%	常温 10〜20A/dm² 陽極処理

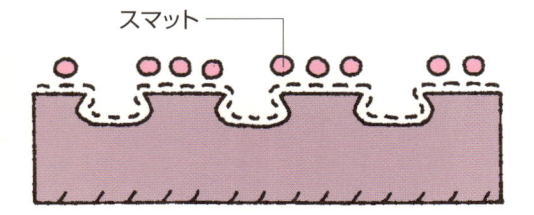

スマット

鉄のように炭素含有量の多い製品を酸処理すると鉄表面が溶解してカーボンが残る(これをスマットと呼んでいる)。
スマットがあるとめっきの密着性を阻害するので除去しなければいけない。

スマットは除去するのだ!!

47 銅および銅合金へのめっき

銅は電気伝導性がよく、加工性に富み、磁性がないなど優れた性質を持っていますので、電子部品用素材として、多く使われています。鉄やアルミニウムに比べ銅は純金属に近い状態で広く使われています。

銅合金の代表的なものとしては黄銅があり、古くからめっき用素材として多く用いられています。快削黄銅は黄銅に鉛を添加して滑り性をよくして、切削加工性を改良したものです。時計、カメラ部品、歯車、バルブ、スピンドルなどに用いられています。りん青銅は、スイッチ、コネクタ、リレー、カムなどの電子部品に多く用いられています。リードフレームには放熱性が優れている銅合金が多く用いられるようになり、主にスズ入り銅が使用されています。また、接点などにはばね特性の優れたベリリウム銅が使用されています。めがね用フレームには銅ーニッケルー亜鉛の洋白が用いられています。

銅、および銅合金は比較的めっきしやすい金属ですが、合金の種類によっては前処理に注意が必要です。とくに、油脂類が付着して長期間経過した素材は、銅および銅合金上に金属石けんが生成します。この形成された金属石けんはシアン化合物でないと、完全に除去できないため、シアン化銅ストライクめっきが銅合金に対して主に用いられています。

表には銅および銅合金素材の酸処理浴組成と条件を示します。銅表面に生成した酸化皮膜は硫酸溶液で容易に取り除けるので、厚いスケールの除去にも硫酸が用いられます。B1の溶液で、室温でも十分ですが、浴を80℃ぐらいまで加温すると除去速度が早くなります。硫酸に過酸化水素を添加すると、銅表面を化学研摩できます。黄銅で脱亜鉛したときには、B4の浴を用いると回復します。銅の活性化には硫酸、塩酸が用いられますが、鉛を含んだ快削黄銅は表面層の鉛を溶解させるためにホウフッ酸やフッ化物で活性化します。ホウフッ酸は排水処理しにくいので注意が必要です。

銅材の前処理法

要点BOX
- ●電子部品に銅材が多い
- ●銅材には金属石けんが生成する
- ●銅の酸化皮膜は酸化性の酸で除去する

銅および銅合金の酸処理法

銅および銅合金素材の酸処理浴組成と条件

番号	目的		浴組成		条件
B1	酸化皮膜除去		硫酸	5～10%V	常温、1～15分
B2	光沢浸漬		硫酸 硝酸 塩酸	2容 1容 0.8ml/l	常温 5秒～5分
B3	光沢浸漬		硫酸 過酸化水素 安定剤	7～150ml/l 50～150ml/l 50ml/l	25～45℃ 30秒～2分
B4	光沢浸漬		クロム酸	270g/l	常温
B5	光沢浸漬		りん酸 硝酸 酢酸	55% 20% 25%	55～80℃
B6	活性化	B6-1	硫酸	50～100ml/l	
		B6-2	塩酸	100～200ml/l	常温
		B6-3	ホウフッ酸	50～100ml/l	

銅および銅合金をぴかぴかに化学研摩する溶液。B2の溶液は有害な亜硝酸ガスが出るので、最近B3の液が主に使われている。

> ぴかぴかの銅や銅合金にするために化学研摩するが、それにはB3の液が使われる

用語解説

黄銅：銅と亜鉛の合金。
洋白：銅とニッケルと亜鉛の合金。
金属石けん：銅と油とが反応してできる生成物。

● 第5章 めっきと前処理

48 アルミニウムおよびアルミニウム合金へのめっき

ジンケート処理

アルミニウムは、めっきより陽極酸化処理する素材として用いられる場合の方が、はるかに多いと思います。しかしながら、自動車関連産業や電子部品業界を中心に軽量化を図る目的で、アルミニウム素材へのめっきが急増してきました。電子部品は軽量化するために、アルミニウム上に無電解ニッケルめっきすることが多くなってきました。自動車関連では軽量化のために、アルミニウムエンジンシリンダにニッケル-りん合金めっきをマトリックスにした複合めっきや、アルミダイカストのホイールに銅→ニッケル→クロムめっきが用いられています。従来、アルミニウム上へのめっきは十分な密着性が得られませんでしたが、最近はめっき法の向上と素材が安定化してきましたので、改善されています。

アルミニウムは大変活性な金属ですので、空気中や水の中の酸素とで容易に酸化皮膜を形成します。この酸化皮膜を形成させない方法として、ジンケート処理と呼ばれる置換めっきを行います。置換めっきでは、表面のアルミニウムが溶解して、その電子により亜鉛を還元しますので、酸化膜が介在しないことになります。亜鉛置換した皮膜の上にシアン化銅ストライクめっきやニッケルめっきを行っています。

アルミニウムには、多くの合金があり、その合金組成によってもめっきの前処理法が異なりますので、素材にあった酸処理が必要です。また、亜鉛置換めっきも1回置換を行うより、置換めっきして得られた皮膜を硝酸ではく離してもう一度置換めっきする2回置換をするほうが、よりすぐれた密着性が得られます。これは、1回置換した皮膜をはがすことにより、アルミニウム素材の表面電位を均一にすることができるためといわれています。また、めっき後140～150℃で熱処理することにより、密着性の向上が図れるとともに、この処理で膨れないと後でフクレが発生しないので、密着性の検査としても使えます。

要点BOX
- ●アルミニウム上へのめっきが急増
- ●アルミニウム上へはジンケート処理という置換めっきを行う
- ●1回置換より2回置換の方が密着性がよい

アルミニウムおよびアルミニウムへのめっき

アルミニウム上へのめっきはなぜ増えているのか

・自動車部品は二酸化炭素の排出を少なくするために軽量化が必要
・電子、電気部品も軽量かつ装飾性が必要

アルミニウム上へのめっきの注意点

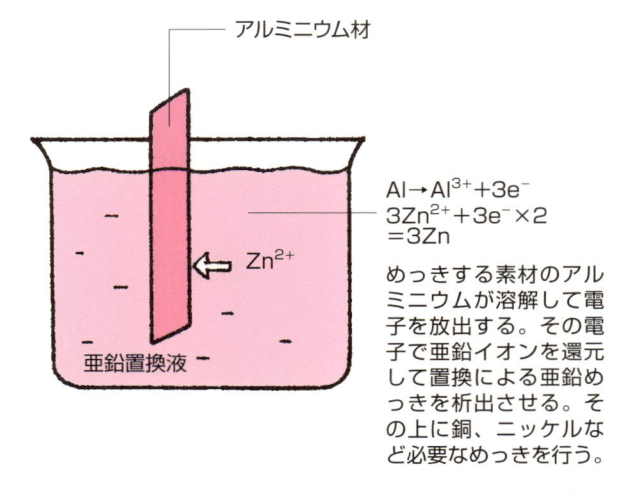

①直接電気めっきしても良好な密着性が得られない
②アルミニウム上へのめっきには、亜鉛置換（ジンケート処理）が行われる
③素材により酸化皮膜を除去する酸が異なる
④ジンケート処理は1回置換より2回置換の方が密着性がよい（2回置換とは1回目に置換した亜鉛皮膜を硝酸で剥離して再度置換する）

アルミニウム上へのめっきの工程

脱脂 → エッチング → 酸浸漬 → 1回目亜鉛置換 → 硝酸剥離 → 2回目亜鉛置換

$$Al \rightarrow Al^{3+} + 3e^-$$
$$3Zn^{2+} + 3e^- \times 2 = 3Zn$$

めっきする素材のアルミニウムが溶解して電子を放出する。その電子で亜鉛イオンを還元して置換による亜鉛めっきを析出させる。その上に銅、ニッケルなど必要なめっきを行う。

49 プラスチック上へのめっき

プラスチックの金属化

プラスチック上へのめっきは製品の外観を向上させ高級化を図る、耐熱性、耐擦過性、耐候性などの機械的性質を改善する、軽量化を図る、プラスチックの持つ汚染性を向上させるなどの目的で、昭和40年頃から行われるようになってきました。

プラスチック上へのめっきといえばABS樹脂上のめっきといわれるぐらい、ABS樹脂上のめっきが一般的です。これはABS樹脂のもつ抜群の成形性と表面処理のしやすさのためです。プラスチックめっきは、金型設計を含めた成形条件が非常に大切です。ひけ、ばり、そりのないこと、さらにフローマーク、ウェールドマークなどが見られないような成形品でなければなりません。最近のように精密成形される場合は特に重要です。

ABS樹脂上へのめっきの密着機構は、エッチング工程でABS樹脂のブタジエン成分が選択的に溶解されて、その穴の中にめっきが均一に析出することにより、

アンカーが形成されるためです。したがって、樹脂はめっき用グレードを使用し、成形品の表面のブタジエン粒子の形状と分散状態のよい成形が必要です。

ABS樹脂は耐衝撃性、耐熱性があまり優れておらず、例えば、冷蔵庫のハンドル、自動車の把手などがプラスチックめっきから亜鉛ダイカストに代わった時期がありました。ところが、自動車業界のエネルギー問題による軽量化の要望、耐食性の良さなどから、プラスチックめっきが再び用いられるようになってきました。特に耐衝撃性、耐熱性など厳しい性能が要求される製品に対しては、エンジニアリングプラスチックと呼ばれるポリアミド樹脂（ナイロン）、ポリアセタール樹脂（ジュラコン、テナック）などにめっきされるようになってきました。

自動車のフロントグリル、ドア取っ手、家電製品の外装、ツマミなどにプラスチック上へのめっきが多く使われていますが、今後さらに増えるものと予想されます。

要点BOX
- ●装飾性を向上させる
- ●耐熱性・耐擦過性・耐衝撃性を向上させる
- ●ABS樹脂、エンジニアリングプラスチックの金属化

プラスチック上へのめっき

プラスチック上へのめっき

樹脂の種	適用されているめっき	主な用途
ABS樹脂	無電解ニッケル→電気銅めっき →ニッケルめっき→クロムめっき	自動車用フロントグリル エンブレム ツマミ 電気製品の筐体
ナイロン樹脂	同上	照明器具 ハンドル
ポリカーABS樹脂	同上	自動車ドアハンドル
ノリル樹脂	同上	水栓金具

プラスチック上へのめっきの工程

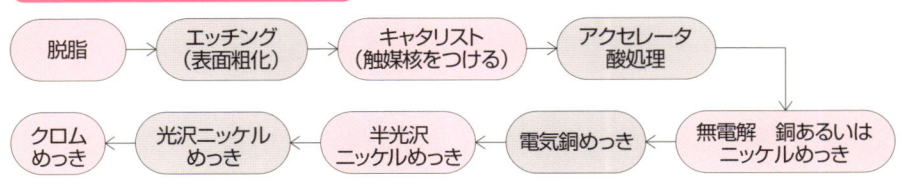

脱脂 → エッチング（表面粗化）→ キャタリスト（触媒核をつける）→ アクセレータ 酸処理 → 無電解 銅あるいはニッケルめっき → 電気銅めっき → 半光沢ニッケルめっき → 光沢ニッケルめっき → クロムめっき

プラスチックにもめっきできるのだ！

用語解説

フローマーク：成形時に生じる流れ模様による不良
ウエールドマーク：成形材料が金型中でピンやコアなどの周囲に流れて合流するためにできる線状のマーク

50 ABS樹脂上のめっき

ABS樹脂はアクリルニトリル、ブタジエン、スチレンの共重合体であり、この樹脂へのめっき技術はほぼ40年の歴史をもっています。一般的なABS樹脂上のめっき工程を図に示します。

脱脂は、成形品の表面に付着しているわずかな油脂や指紋を除去すると同時にエッチング液によるぬれ性を促進する目的で行います。脱脂した後は、エッチング工程で表面に微小な凹凸を生成させます。この工程は密着性だけではなく、外観、品質にも影響するので重要な工程です。現在は、ほとんどクロム酸系エッチング液が使用されています。六価クロムを用いない工程が要望されていますので、クロム酸系エッチング以外のエッチング法も検討されていますが、実用的には最も確実で、密着性の高いめっき皮膜が得られるクロム酸系エッチング液が用いられています。

次に、無電解めっきを析出させるためのパラジウムなどの触媒金属核を種づけする役割をもつ触媒化工程です。昔は、塩化スズを使用するセンシタイジング、塩化パラジウムを使用するアクチベーティング方式が用いられていましたが、今日では、キャタリスト溶液と呼ばれるスズ-パラジウム混合触媒溶液に浸漬し、表面にはパラジウム金属と少量の2価および4価のスズ塩が残留しますので、水洗の後、5〜10容量％の硫酸または塩酸からなるアクセレータ（促進剤）に浸漬し、スズを除去します。樹脂表面に吸着したパラジウムが触媒となり、無電解めっきを析出させます。

無電解めっきには、無電解銅めっきまたは無電解ニッケルめっきが用いられます。無電解銅めっきに比べて、浴の安定性とめっき外観に劣りますが、無電解ニッケルでは腐食ふくれの問題がありますので、無電解銅の使用を指定する自動車メーカーもあります。このように導電化したのちは、硫酸銅めっきのような電気めっきを行い、さらにニッケルめっき、クロムめっきを行っています。

要点BOX
- エッチングするとブタジエン粒子が溶解
- キャタリスト工程でパラジウムを付着させる
- パラジウムが触媒となり無電解めっきを析出させる

めっきに最適ABS樹脂

ABS樹脂へのめっき工程

プラスチック上へめっきする目的、方法

① プラスチック上にめっきするとよごれがつきにくい
② プラスチック上にめっきすると金属光沢が得られる
③ プラスチック上にめっきすると耐候性が向上する
④ プラスチック上にめっきするにはエッチング工程で表面を粗化しなければならない
⑤ 粗化した表面に触媒核をつけ無電解めっきを行う

ABS樹脂のめっき工程

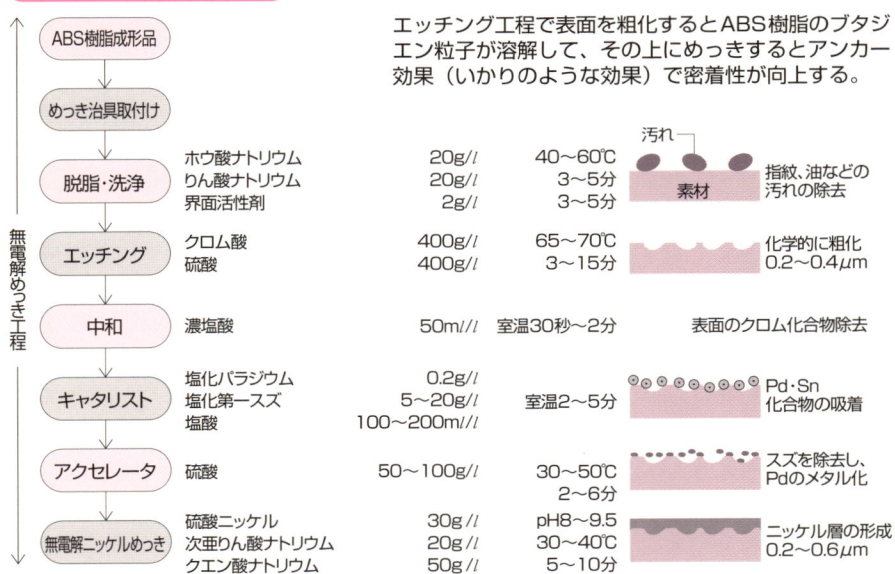

エッチング工程で表面を粗化するとABS樹脂のブタジエン粒子が溶解して、その上にめっきするとアンカー効果（いかりのような効果）で密着性が向上する。

工程	薬品	濃度	温度・時間	作用
ABS樹脂成形品				
めっき治具取付け				
脱脂・洗浄	ホウ酸ナトリウム りん酸ナトリウム 界面活性剤	20g/l 20g/l 2g/l	40～60℃ 3～5分 3～5分	指紋、油などの汚れの除去
エッチング	クロム酸 硫酸	400g/l 400g/l	65～70℃ 3～15分	化学的に粗化 0.2～0.4μm
中和	濃塩酸	50ml/l	室温30秒～2分	表面のクロム化合物除去
キャタリスト	塩化パラジウム 塩化第一スズ 塩酸	0.2g/l 5～20g/l 100～200ml/l	室温2～5分	Pd・Sn化合物の吸着
アクセレータ	硫酸	50～100g/l	30～50℃ 2～6分	スズを除去し、Pdのメタル化
無電解ニッケルめっき	硫酸ニッケル 次亜りん酸ナトリウム クエン酸ナトリウム	30g/l 20g/l 50g/l	pH8～9.5 30～40℃ 5～10分	ニッケル層の形成 0.2～0.6μm

（無電解めっき工程）

エッチング後の断面

めっき皮膜

ABS樹脂（アクリルニトリル、ブタジエン、スチレン）

用語解説

センシタイジング：塩化スズ、塩酸の溶液に浸漬してスズを吸着させる工程。
アクチベーティング：塩化パラジウム・塩酸の溶液でスズとパラジウムを置換させる工程。

51 セラミックス上へのめっき

セラミックスの金属化

セラミックスは絶縁性に優れ、強誘電性を持ち、耐食性、耐熱性がよいので、エレクトロニクス関連に用いられるセラミックスは急速に増加しています。パッケージとして論理回路、記憶回路に用いられており、セラミックス基板のハイブリッドサーキットも先端の電子デバイスに必要不可欠のものになってきました。セラミックスのキャパシタ、管、絶縁体は広い用途があります。これらのすべてのデバイスは回路形成プロセスでめっきが必要です。金属化したセラミックスの表面にめっきが必要なときと、直接セラミックス上にめっきが必要なときの両方があります。

金属化したセラミックスにめっきしている例としては、チップレジスタ、チップコンデンサなどのチップ部品は、セラミックス基盤に銀-パラジウムを焼結させた上にニッケルめっき、はんだめっきが行われています。最近は、鉛フリーの関係ではんだめっきに代わりスズめっきが行われるようになってきました。デバイスは金属化部分（モリブデン-マンガン焼結、タングステン、モリブデン、銅あるいは他の金属）の電気伝導性、はんだ付け性、ろう付け性、ワイヤーボンディング性を向上させるために、また、回路を腐食から守るためにめっきされています。主に、ニッケルめっき-金めっきされています。

金属化していないセラミックスにめっきをする場合には、プラスチック上へのめっきと同じようにエッチングにより、表面に微小な凹凸を形成させなければなりません。例えば、アルミナ基板にめっきする場合には、アルミナ粒子をエッチングすることがむずかしいので、アルミナ粒子を接着しているバインダをエッチングします。

触媒化はキャタリストのような混合触媒を用いるよりも、センシタイザ、アクチベータ方式の方が、吸着性がよいので、均一にめっきできます。さらに、硝酸銀溶液に浸漬する二段活性化も行われています。

要点 BOX
●電子部品にセラミックスの使用が急増
●絶縁性が優れる
●チップ部品にも必ずめっきされる

セラミックス上へのめっき法

セラミックスの金属化

・セラミックスにパラジウムのような触媒金属を焼付け、その上にめっきする方法
・セラミックス上に直接めっきする方法

金属化したセラミックス上へのめっき法

チップ部品(セラミックス)に銀パラジウムを焼付け、その上にニッケルめっき、はんだめっきする。

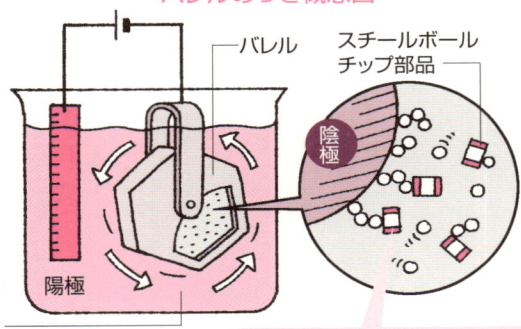

バレルめっき概念図

（バレル／スチールボール／チップ部品／陰極／陽極／めっき液）

<説明>
チップ部品のこの部分をめっきするためにバレルの中にチップ部品と鉄球(スチールボール)を入れ回転させながらめっきする

金属化していないセラミックス上へのめっき法

セラミックスのバインダ部分をエッチングして無電解めっきして、電気めっきする

ニューセラミックスの用途大別（金属化）

目的	主な適用セラミックス	応用例	めっき
回路基盤	アルミナセラミックス 高純度アルミナセラミックス 高純度窒化アルミセラミックス(AlN) 炭化ケイ素セラミックス(SiC) 酸化亜鉛セラミックス(ZnO)	ハイブリッドIC パワーモジュール基板 マイクロストリップライン サーマルプリンタヘッド 簡易パッケージ　など	無電解銅 ニッケルめっき 金めっき
圧電 （電極）	PZT チタン酸バリウムセラミックス	チップコンデンサ 超音波モータ インクジェットプリンタ 誘電体、ピエゾ特性を生かした電極　など	ニッケルめっき はんだめっき スズめっき
接合	窒化ケイ素セラミックス 窒化チタンセラミックス ジルコニアセラミックス	セラミックスと金属やガラスとの接合(はんだ付けやロー付け)　など	無電解銅めっき ニッケルめっき

用語解説

キャタリスト：スズ－パラジウムを含む混合触媒溶液。

Column

引張応力と圧縮応力

めっき層内部には、しばしば応力が存在します。図のように薄い銅片の片側を絶縁被覆してめっきすると、陽極側に曲がるようにかかる力が引張応力です。一方、陽極側と反対側に曲がる応力が圧縮応力です。平板にめっきをした場合には、引張応力が素地からはがれようとする応力であり、圧縮応力が素地に押し付けるという応力です。

通常、ニッケルめっきのワット浴は、引張応力であり、浴中の塩化物イオンの濃度が高くなればなるほど引張応力が高くなります。また、ニッケルめっきで、レベリング作用をもたらす光沢剤は引張応力を大きくするので、応力を減少させる働きをするサッカリンが加えられています。

ニッケルめっきのスルファミン酸浴は、応力を引張応力から圧縮応力まで、コントロールしやすいので主に電鋳に用いられています。

スズめっきや亜鉛めっきは圧縮応力を示します。そのため、めっき皮膜からウイスカが出やすいという欠点があります。とくに、光沢スズめっきは半光沢スズめっきに比べて、圧縮応力が高く、それがウイスカのできやすい一因になっています。ウイスカを防止するために、熱処理をすると、効果がありますが、内蔵した応力を開放することができるためと考えられています。

応力はめっき浴のpH、添加剤などの浴条件、電流密度、温度などの作業条件により影響されます。

●めっきの電着応力のモデル

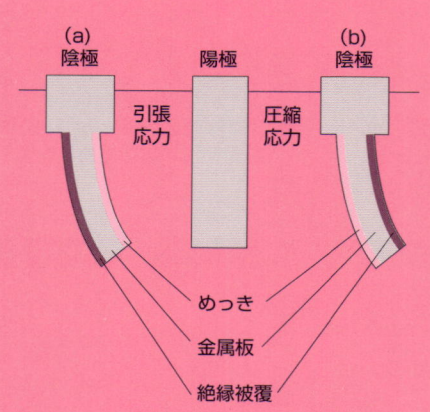

(a) 陰極　陽極　(b) 陰極
　　　引張応力　圧縮応力
　　　　　　　　　　めっき
　　　　　　　　　　金属板
　　　　　　　　　　絶縁被覆

第6章

めっきの理論と
めっき皮膜の耐食性

52 めっきの理論

電気めっきのつくわけ

図に示すように、硫酸銅溶液に2枚の銅板を浸漬して、両者間に外部電源から一定の電位を加えますと、カソード（負極）では、溶液内の銅イオンが拡散によって電極界面に近づき、カソードから2個の電子を受け取り金属の銅に還元されます。一方、アノード（正極）では、カソードと全く逆の反応が起こり、銅がイオン化して、2個の電子を放出して、溶液内部に拡散します。このようなカソード反応が電気めっきです。

さて、それではどれくらいの電気を流せば、どれくらい金属が析出するのでしょうか？電気量とその反応物の間にはファラデーの法則が成立します。ファラデーの法則は次のようです。①電解によって析出あるいは溶解する金属の量は、その反応を行うときに流れる電気量に比例する。②同一の電気量によって析出あるいは溶解する金属の量は、その化学当量に比例する。

したがって、電気めっきの反応においては、電解槽に流れる電気量を測定することにより、また、目的の金属の化学当量を求めることにより析出する金属の重量を求めることができます。

電気量の単位としてクーロンが用いられ、1アンペアの電流が1秒間流れたときの電気量を1クーロンと呼びます。実用的には、1クーロンの電気量は銀0・01118$_{\text{グラ}}$$_{\text{ム}}$析出させるのに必要な電気量と定義できます。また、1$_{\text{グラ}}$$_{\text{ム}}$当量の銀を析出させるのに要する電気量を1ファラデーと呼び、96483クーロンに相当します。通常、1ファラデーは96500クーロンとして取り扱われています。また、工業的には、1ファラデーを26・8アンペア・時として電気量の計算に用いています。一般に、Iアンペアの電流でt時間電解しますと、電極に析出する金属の理論析出量は$k×I×t$（$_{\text{グラ}}$$_{\text{ム}}$）となります。（$k$は1アンペア・時の電気量で析出する金属の量）電流効率は実際に析出した量を理論析出量で割り、100をかけた数値です。

要点BOX
- ●金属イオンの還元
- ●ファラデーの法則
- ●電解によって析出する量は電気量に比例する

めっきと電気化学

ファラデーの法則

① 電解によって析出する、あるいは溶解する金属の量は、その反応を行うときに流れる電気量に比例する

② 同一の電気量によって析出あるいは溶解する金属の量は、その化学当量に比例する

金属の理論析出量

理論析出量 $= k \times I \times t$ (g)

(k は1アンペア・時の電気量で析出する金属の量)

電気めっきの反応

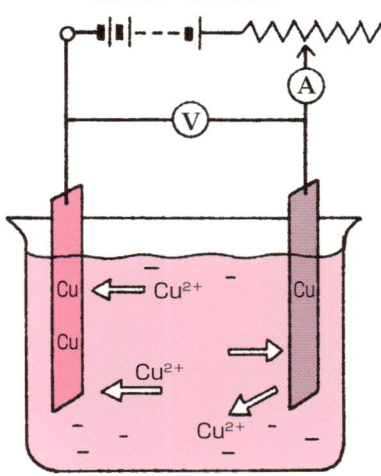

電流効率

$$電流効率 = \frac{実際の金属析出量(g)}{理論析出量(g)} \times 100$$

電気量の単位

- クーロン(C) ⇨ 1アンペア(A)の電流が1秒間(s)流れたときの電気量
- 1クーロンの電気量 ⇨ 銀を0.001118g析出させるに必要な電気量
- 1ファラデー(F) ⇨ = 96483クーロン(C) ≒ 96500クーロン(C)

● 第6章　めっきの理論とめっき皮膜の耐食性

53 イオン化傾向と酸化還元電位

めっきのつきやすさ

イオン化傾向は金属のイオンになりやすさ、いいかえれば腐食のしやすさを示しています。イオン化傾向を具体的な数値で示したのが酸化還元電位です。酸化還元電位は、標準水素電極で測定した値です。

イオン化傾向の大きな金属は卑な電位（マイナスの電位を示す）を示し、イオン化傾向の小さな金属は貴な電位（プラスの電位を示す）を示します。酸化還元電位は金属イオンの還元されやすさを示しています。貴な電位を示す金属は還元されやすく、卑な電位を示す金属は還元されにくいといえます。合金めっきの場合、ニッケルとコバルトは酸化還元電位が非常に接近していますので、酸性浴中でも合金めっきが可能です。

金や銀は貴な電位を示しますので、還元されやすく、小さな電気エネルギーでも還元されます。しかしながら、析出粒子が微細でなく、工業的に利用できるような緻密な皮膜が得られません。そのためにシアン化物のような錯化剤を用いて金、銀を析出しにくくさせ、工業的に利用できる皮膜を得ています。

酸化還元電位は水素電極により測定しており、0トボルトで水素が還元されます。これでは水素より卑な電位を示すニッケル、亜鉛が水溶液中では析出しないことになりますが、それぞれの金属に水素過電圧（水素の発生を遅らせてくれる）があり、水溶液中でニッケルめっきや亜鉛めっきが得られます。亜鉛はマイナス0.76ボルトとかなり卑な電位ですが、亜鉛の水素過電圧は0.7ボルトと大きく、pH3の酸性浴の平衡電位を計算するとマイナス0.177ボルトとなり、実際の水素発生はマイナス0.877ボルトになります。したがって、マイナス0.76ボルトの亜鉛の析出電位より、卑な電位で水素が還元されるので、亜鉛めっきが可能になります。

このような理由で水素より卑な電位を示すニッケル、スズ、鉄、コバルトなどがめっきできます。アルミニウムの場合、かなり卑な電位を示しますので、水素ばかり発生してアルミニウムめっきができません。

要点BOX
- ●イオン化傾向の大きい金属は卑な電位を示す
- ●イオン化傾向の小さい金属は貴な電位を示す
- ●貴な電位を示す金属は還元されやすく、卑な電位の金属は還元しにくい

酸化還元電位とは

主な金属の酸化還元電位

↑ イオン化傾向小 / イオン化傾向大 ↓

電極	E^0 (V)
Au/Au^+	+1.7
Pt/Pt^{2+}	+1.2
Ag/Ag^+	+0.799
Cu/Cu^{2+}	+0.34
Sn/Sn^{4+}	+0.005
$H_2/2H^+$	+0.00
Pb/Pb^{2+}	−0.126
Sn/Sn^{2+}	−0.140
Ni/Ni^{2+}	−0.23
Co/Co^{2+}	−0.27
Fe/Fe^{2+}	−0.44
Cr/Cr^{3+}	−0.71
Zn/Zn^{2+}	−0.763
Al/Al^{3+}	−1.66
Ti/Ti^{2+}	−1.75
Na/Na^+	−2.71
Li/Li^+	−3.045

亜鉛めっきができるわけ

本来水素は0Vで還元されるのであるが、水素過電圧が大きい酸性浴（pH3）でめっきされる場合には、水素の発生電位は−0.87Vになり、亜鉛（−0.76V）が還元される。

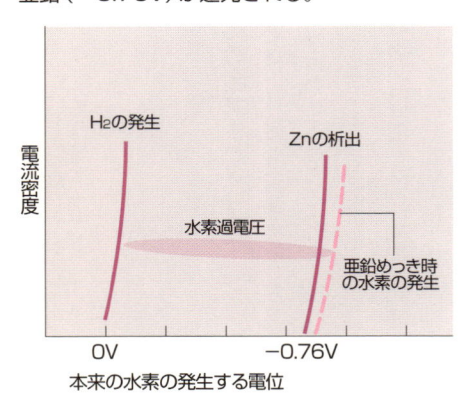

金、銀めっきがシアン化物でめっきされるわけ

金（＋1.7V）、Ag（＋0.799V）は貴な電位で還元されやすいが、ち密な皮膜が得られない。シアン化合物により析出しにくくしてち密な皮膜を得ている。

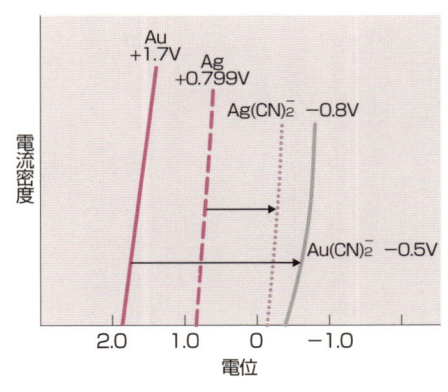

54 二重ニッケルめっきの耐食性

電位の異なる層による耐食性の向上

鉄素材の耐食性を向上させる目的で、半光沢ニッケルめっきを行い、光沢ニッケルめっき後、クロムめっきする方法が装飾めっきとして最も多く使用されています。

半光沢ニッケルめっきとはニッケルめっき浴中（通常、ワット浴を使用）にクマリンのようなイオウ成分を含まない添加剤を用いることにより半光沢の外観を得るめっき法です。

一方、光沢ニッケルめっきは同じくニッケルめっき浴中にレベラーであるブチンジオールと応力減少剤であるサッカリンのようなイオウを含む添加剤を用いて鏡面光沢を得るめっき法です。光沢ニッケルめっきは半光沢ニッケルめっきに比べて、光沢面が得られ、表面を平滑にするレベリング能力がすぐれていますが、皮膜中に添加剤の成分であるイオウが取り込まれ（S含量＝約0.05%）卑な電位を示します。半光沢ニッケルと光沢ニッケルの電位の比較を図1に示します。光沢ニッケルめっきは半光沢ニッケルめっきより卑な電位を示し、めっき皮膜自体の耐食性が劣ります。装飾めっきの場合、鉄素材より貴な金属をめっきするので、めっき皮膜を組み合わせることにより、優れた耐食性が得られるように工夫されています。

多層ニッケルめっきの場合、図2のように電気化学的に貴な電位を持つ半光沢ニッケルめっきを下地にし、その上に電位の卑な光沢ニッケルめっきを施して、クロムめっきの下の光沢ニッケルめっきが半光沢ニッケルめっきより優先的に腐食することにより、下地の鉄素材に貫通する腐食を抑制しています。ニッケルめっき皮膜の電位の差を巧く利用して、耐食性を向上させる方法が二重ニッケルめっき法です。ニッケルめっき厚さが厚くなればなるほど耐食性に優れ、半光沢ニッケルめっきと光沢ニッケルめっきの厚さの比率は3対2にするのが一般的です。このようなめっき法が、自動車部品など高耐食性が必要な製品に適用されています。

要点BOX
- 半光沢ニッケルと光沢ニッケルの層を重ねる
- 光沢ニッケルが腐食することにより素地の腐食を守る
- 半光沢ニッケルは光沢ニッケルより貴な電位を示す

二重ニッケルめっきによる耐食性

性質の違ったニッケルめっきを重ねる

- 光沢ニッケルめっきは半光沢ニッケルめっきに比べて腐食しやすい（電位が卑である）
- 半光沢ニッケルめっきは柱状晶であり、光沢ニッケルめっきは層状晶である
- 半光沢ニッケルめっきと光沢ニッケルめっきの厚さの比率は3：2とする
- 半光沢ニッケルめっきと光沢ニッケルめっき層を重ねる

図1 キャス試験溶液中でのニッケルめっきの電流電位曲線

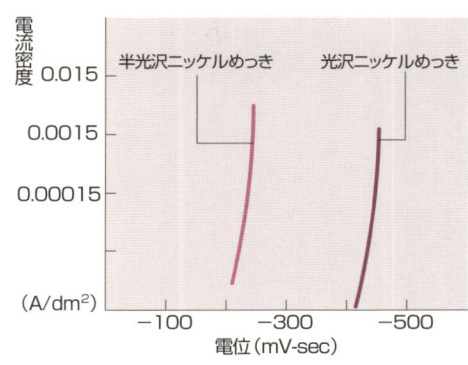

光沢ニッケルめっき中には応力減少剤としてイオウが添加されており、そのイオウにより半光沢ニッケルめっきより卑な電位を示す（腐食しやすい）

図2 二重ニッケルめっき

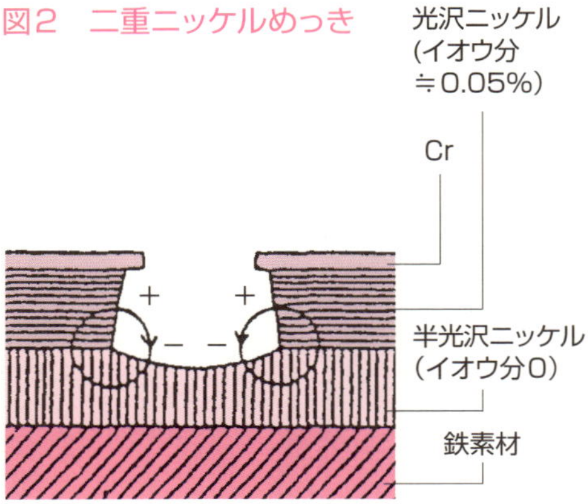

光沢ニッケル（イオウ分 ≒ 0.05%）
Cr
半光沢ニッケル（イオウ分0）
鉄素材

実際の腐食状態

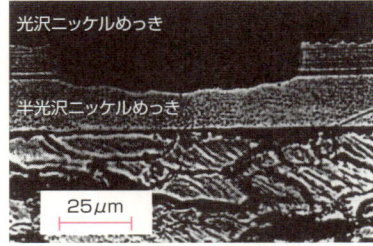

光沢ニッケルめっき
半光沢ニッケルめっき
25μm

イオウ分が含まれていない半光沢ニッケルとイオウ分が含まれている光沢ニッケルを組合せたとき光沢ニッケルめっきが腐食され、素地に貫通する腐食を防止できる。

用語解説

ブチンジオール：ニッケルめっきのレベリング作用をもたらす添加剤。

55 なぜクラックが多いと耐食性がよいのか

マイクロポーラスクロムめっき

鉄素材に防食と装飾の両方の目的で銅めっき→ニッケルめっき→クロムめっき、あるいは半光沢ニッケルめっき→光沢ニッケルめっき→クロムめっきする方法が一般的に用いられています。

自動車のバンパー、フロントグリルのように屋外で使用される部品にはさらに耐食性が要求されるために、クロムめっきをマイクロポーラス、あるいはマイクロポーラスにするめっき方法が採用されています。マイクロクラックはクロムめっきに微小なクラックを発生させる方法であり、マイクロポーラスクロムめっきは微小なポアーを発生させる方法です。これらのめっき法が、高耐食性を得られる理由としては、クロムめっきにクラックやポアーにより、ニッケルの露出面積を増大させ、腐食電流を分散させるためであると考えられています。

マイクロクラックとマイクロポーラスの基本的な防食機構は同じですが、安定なポアーが得られるので、マ

イクロポーラスクロムめっきが多く用いられるようになってきました。クロムめっきをマイクロポーラスにする方法としては、光沢ニッケルめっき後にマイクロポーラスにする浴中に微粒子を懸濁させて複合ニッケルめっきを行い、その上にクロムめっきをする方法がとられています。

このニッケルの複合めっきは、ユージライト社よりジュールニッケルめっき（ニッケルシールとも称する）として市販されています。分散させる粒子としては、0.02ミクロン程度の大きさのシリカ、アルミナ、カオリン、硫酸バリウムなどです。めっき厚さが2.5ミクロン程度で、粒子があまりにも微細であるので、表面の光沢には影響しません。ポアーの密度は200ポアー／平方ミリメートルで耐食性が良くなり、400ポアー／平方ミリメートルでさらに良くなり、800ポアー／平方ミリメートルで優れた耐食性を示すとされています。屋外に用いられる自動車部品には、マイクロポーラスクロムめっき法が採用されています。

要点BOX
- クロムめっきにクラックが多いと腐食電流を分散させる
- 腐食電流を分散させると耐食性が向上する
- マイクロポーラスクロムめっきにはジュールニッケルめっきが用いられる

マイクロポーラスクロムめっきの防食機構

クロムめっきのクラック

- クラックが多いと腐食電流を分散させることができるので耐食性が向上する
- マイクロクラックとマイクロポアーは同じような防食機構である
- ポアー密度が200ポアー/mm^2で耐食性が良くなり、400ポアー/mm^2でさらによくなり、800ポアー/mm^2で優れた耐食性を示す

クラックフリークロムめっきの耐食性のよくない理由

耐食性がよくない

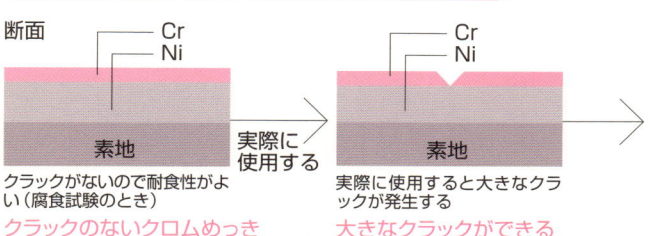

断面 Cr / Ni / 素地
クラックがないので耐食性がよい（腐食試験のとき）
クラックのないクロムめっき

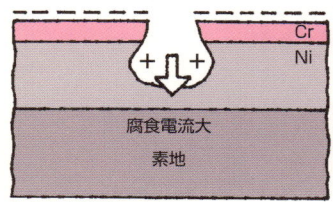

実際に使用する →

実際に使用すると大きなクラックが発生する
大きなクラックができる

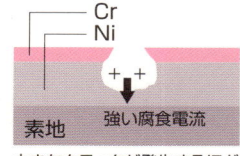

→ 強い腐食電流
大きなクラックが発生するほど大きな腐食電流が流れる（結果として耐食性が悪い）

クラックのないクロムめっきをクラックフリークロムめっきというが、このクロムめっきは使用しない状況で耐食試験すると良好な耐食性を示すが、実環境で使用すると使用時に大きなクラックが生じ、そのため耐食性がよくない

マイクロポーラスクロムめっきの防食機構

(a) 通常浴によるクロムめっきの腐食模型図
腐食電流大 / 素地

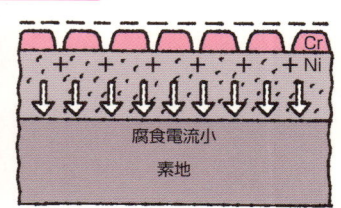

(b) マイクロポーラスクロムめっきの腐食模型図
腐食電流小 / 素地

クロムに大きなクラックがあると大きい腐食電流が流れる。一方、小さなクラックが多数あるとこの腐食電流を分散でき結果として耐食性が向上する

矢印は腐食電流密度の大きさをあらわす。
（マイクロクラッククロムめっきも防食機構は同一である）

クロムめっき（ポアーが多数ある） 
マイクロポーラスクロムめっき（1000ポア/mm^2）の断面図

用語解説
マイクロクラック：クロムめっきに微小なクラックを発生させる方法。
マイクロポーラス：クロムめっきに微小なポアーを発生させる方法。
ポアー：微小な穴。

Column

レベリング作用

レベリングとは、素材の凹凸を平滑にする作用をいいます。レベリング作用はめっき皮膜に光沢作用をもたらすためには欠くことのできない能力です。一般には、図1（a）に示しますように、めっき厚さが厚くなるとにくぼんだ箇所により多くめっきが析出して、平滑にする作用です。

レベリングは、図1（b）のような、添加剤を用いた実際のレベリングは幾何学的レベリング作用が生じます。

レベリング作用を得るためには、拡散律速な有機化合物が用いられています。例えば、光沢ニッケルめっきではブチンジオールに代表される二次光沢剤がレベリング作用をもたらすので、レベラーと呼ばれています。レベラーは凸の部分に吸着してめっき皮膜の析出を抑制します。

凹の部分には、レベラーがあまり吸着しないのでめっき皮膜が析出します。結果として、表面の凹凸をうめることができ、平滑なめっき皮膜が得られます。

レベリング作用の優れためっき浴としては、光沢硫酸銅めっき、光沢ニッケルめっき、半光沢ニッケルめっきがありますが、とりわけ、硫酸銅めっき浴は、めっき浴中でも最も優れたレベリング作用があります。そのため、プラスチック上へのめっきの下地めっきとして、用いられ、成形時に生じるウエールドラインやパーティングラインを消すことができます。

● レベリング

a. 幾何学的レベリング　$h_1 = h_2 < h_3$

b. 実際のレベリング　$h_1 < h_2 < h_3$

● ミクロな凹凸部でのレベラーの拡散

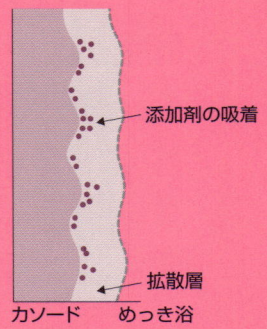

第7章
環境に配慮しためっき

● 第7章　環境に配慮しためっき

56 環境に配慮しためっき技術

めっきは、シアン化合物、クロム化合物、鉛をはじめとする重金属など有害な薬品を多く使います。また、めっき液は水溶液ですので、排水中にこれらの有害物が含まれます。したがって、めっきはどちらかというと、「公害の元凶」であると思われていますが、めっき業界では、他の業界に先駆けて、完全な排水処理を行っています。しかし、和歌山のカレー事件では、ヒ素より先にシアン化合物が疑われ、めっき工場の責任にされそうになりました。また、広島の太田川の魚が浮いた事件なども、まずめっき業が疑われています。両事件ともめっきとは全く関係なく、濡れ衣をきせられていたことがわかりました。

いま、めっき業は他の業界に比べても、排水対策、公害対策を完全に行っており、世界的に見ても日本のめっき業の排水処理対策が最も優れているといわれております。シアン化合物を用いないめっき法、六価クロムを用いないめっき法などの代替技術も世界の技術をリードしている状況です。

シアン化合物を使うめっきには、金めっき、銀めっき、銅めっき、亜鉛めっきなどがあります。シアン化合物を用いると優れた皮膜物性が得られますので、現在でも多く用いられています。シアン化合物は所定の排水処理を行うと、窒素と炭酸ガスに分解されますので、代替のキレート剤を使用するより、処理しやすいということもあります。ただ、毒物を使用しますので、工程管理を十分行うことが必要です。

六価クロム化合物は、装飾用、工業用クロムめっき、プラスチック上へのめっきのエッチング、亜鉛めっきなどのクロメート処理などに使用され、非常に安価で性能の優れた薬品です。装飾用のクロムめっき、亜鉛めっきのクロメート処理剤などは三価クロムにより代替技術が開発されていますが、工業用クロムめっきやプラスチック上へのめっきのエッチング処理剤は現在も六価クロムを使用しています。

要点BOX
- めっきの排液処理は完全に行われている
- 公害の元凶のように疑われやすい
- 有害な薬品を無害化

めっきは環境にやさしい

完全な排液処理

めっき業界では完全な排液処理

- 「川で魚が浮く」とめっき業界のせいにされるがぬれ衣をきせられている
- 日本のめっき業界の排水処理は世界で最も優れている

有害物質	処理法	
シアン化合物	次亜塩素酸ナトリウムによる酸化分解	無害化
六価クロム	重亜硫酸ナトリウムによる還元処理	三価クロム
重金属	凝集沈殿処理	沈殿

めっき液の無害化プロセス

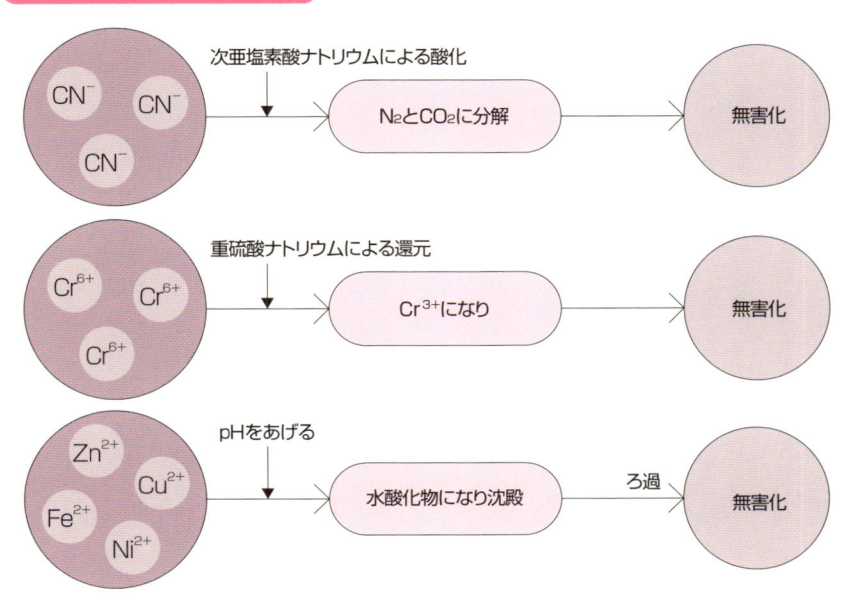

CN^-, CN^-, CN^- → 次亜塩素酸ナトリウムによる酸化 → N_2とCO_2に分解 → 無害化

Cr^{6+}, Cr^{6+}, Cr^{6+} → 重硫酸ナトリウムによる還元 → Cr^{3+}になり → 無害化

Zn^{2+}, Cu^{2+}, Fe^{2+}, Ni^{2+} → pHをあげる → 水酸化物になり沈殿 → ろ過 → 無害化

● 第7章　環境に配慮しためっき

57 RoHSとELV

ヨーロッパの規制

いよいよ、2006年の7月からEUにおける特定有害物質を含有した製品の上市が制限されます。これは、正しくは、電気電子部品に含まれる特定有害物質の使用制限指令のことで、Restriction of certain Hazardous Substances in electrical and electric equipmentの頭文字をとって、RoHSと呼ばれています。鉛、水銀、カドミウム、六価クロム、ポリ臭化ビフェニール（PBB）、ポリ臭化ジフェニールエーテル（PBDE）の6物質の使用禁止の指令です。さらに、来年（2007年）7月から、廃自動車指令が実施されます。これはEnd of Life Vehiclesのことで、ELVと略称され、鉛、水銀、カドミウム、六価クロムの使用禁止指令です。

これを受けて、日本のセットメーカーが部品メーカー（セットメーカーの下請け会社など）に環境問題に対する説明会を行うと部品メーカーがめっき専業者に対して、①誤った情報、②環境問題を十分理解していない指令、③セットメーカーの対応に上乗せしたような要望がなされます。このようなことから、困惑しているめっき専業者も多い状況です。そこでこれらの事例を説明しながら、RoHS、ELV対策について考えたいと思います。

まず、①の誤った情報ですが、六価クロムの規制に対して、クロムめっきも規制になるという情報を持ち込まれる場合が多いようです。これは、六価クロムと金属クロムを混同していることで、まったく誤った情報です。セットメーカーの説明に対して部品メーカーが誤った理解をしたためです。金属クロムはまったく規制されていません。また、上乗せした話では、「工程内でこのようなことを有害物質を使用する場合もあります。RoHS、ELVの指令はこのようなことを一切規制していません。また、規制値の数値をかなり厳しくしている事例も多く、正しく理解することが必要です。

要点BOX
- 電気、電子部品に含まれる有害物質の使用制限指令
- 廃自動車指令
- めっきでは鉛、六価クロムが規制の対象

RoHSとELV

RoHS -Restriction of the use of certain Hazardous Substances in electrical and electric equipment
（電気電子部品に含まれる特定有害物質の使用制限指令） 2006年7月
鉛、水銀、カドミ、六価クロム、ポリ臭化ビフェニール、ポリ臭化ジフェニールエーテル

ELV End of Life Vehicles
（廃自動車指令） 2007年7月
鉛、水銀、カドミウムの使用禁止指令

使用可能量

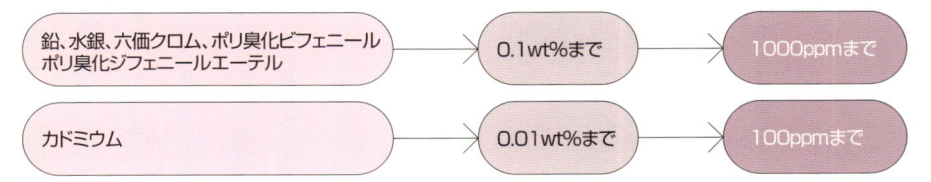

物質	濃度	ppm
鉛、水銀、六価クロム、ポリ臭化ビフェニール、ポリ臭化ジフェニールエーテル	0.1wt%まで	1000ppmまで
カドミウム	0.01wt%まで	100ppmまで

規制の対象

RoHSやELVでも金属クロムや三価クロムは規制されていない。しかしながら、金属クロム、三価クロム、六価クロムが区別されていなく、クロムが悪いような印象を与えている。

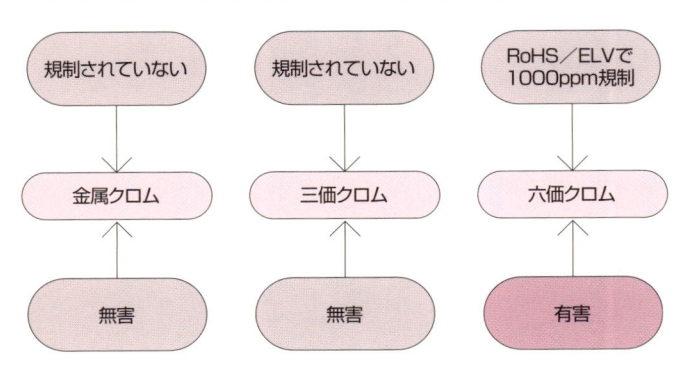

規制されていない	規制されていない	RoHS／ELVで1000ppm規制
金属クロム	三価クロム	六価クロム
無害	無害	有害

● 第7章 環境に配慮しためっき

58 鉛フリーはんだめっき

プリント配線板に搭載する電子部品には、スズ-鉛合金であるはんだめっきが多くの部品に適用されています。はんだ付け性の向上が主な目的ですが、鉛がRoHS規制にかかるため、鉛フリーのはんだ代替めっきが開発されています。

代替めっきとしては、純スズめっき、スズビスマス合金めっき、スズ-銅合金めっき、スズ-銀合金めっきなどが開発されています。それぞれに、一長一短があり、部品別にそれぞれの鉛フリーめっきが用いられています。リードフレームはほとんどがスズ-ビスマス合金めっきであり、チップ抵抗、チップコンデンサなどの受動部品は純スズめっきが多く行われています。コネクタは、当初、スズ-銅合金めっきが多く行われていましたが、ウイスカが多く発生したことから、最近は、純スズめっきをリフロー（再溶融）させて用いられるようになってきました。

このうち、プリント配線板に搭載される部品（IC、チップ部品など）は、はんだ付けされるまでの間、はんだ付け性の劣化、ウイスカの発生がなければ、あとはスズ-銀-銅のはんだで、はんだ付けされるため極端な場合、どのめっきでも問題ないようです。例えば、リードフレームの足の部分も、日本ではスズ-ビスマス合金めっきが多く行われていますが、ヨーロッパでは純スズめっきで十分であるとのことだそうです。

一方、コネクタは、現在、約40％がスズ-銅の合金めっきが行われています。スズ-銅合金めっきは鉛フリー合金めっきのうちでも最もウイスカが発生しやすく、これが一番誤った選択であると思われます。現に、コネクタで、ウイスカによる短絡事故がかなり多く発生しています。

コネクタは、かん合部分ははんだ付けされません。また、めっき皮膜に外部応力がかかり、それが原因で、ウイスカが発生します。コネクタこそ、ウイスカ対策を行わなければならないと思います。

鉛フリーめっき技術

要点BOX
- はんだめっき代替技術
- ウイスカ防止がかぎ
- 純スズ（半光沢スズ）めっきが増加

鉛フリーのはんだ代替めっき

はんだめっき代替技術 （Sn-Pb合金めっき）

- スズービスマス合金めっき → リードフレームの足
- 純スズ（中性スズ） → チップ部品
- 半光沢スズ（リフロー） → コネクタ

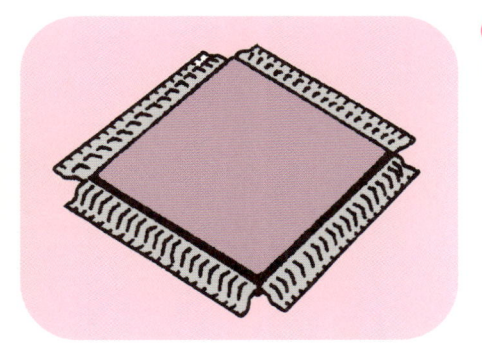

リードフレームの足の部分

日本ではスズービスマス合金めっき
ヨーロッパでは純スズめっき

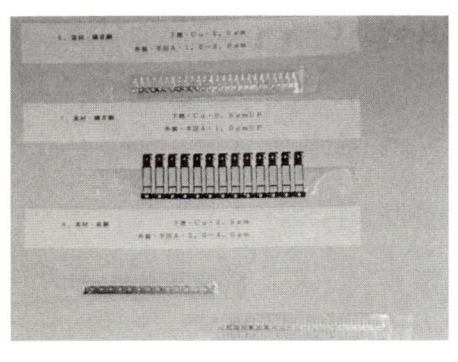

コネクタ

- スズー銅の合金めっきが多い
- スズー銅合金めっきは最もウイスカが発生しやすい
- ウイスカの発生は短絡事故につながる

用語解説

ウイスカ：スズの単結晶が成長し、ヒゲ状にのび短絡させる。

●第7章　環境に配慮しためっき

59 六価クロム対策

RoHS、ELVでも、六価クロムが規制されています。当初、ELVでは、2007年7月からクロム全廃とのことでしたが、ここにきて、RoHSと同様に1000ppmまで含まれてよいということになりました。

めっき工程での六価クロムは、工業用クロムめっき、装飾用クロムめっき、黒色クロムめっき、亜鉛めっきのクロメート処理、プラスチック上へのめっきのエッチング、無電解ニッケルのクロメート処理、アルミニウムのクロメート処理など多方面に使用されています。無水クロム酸のように、安価でかつ優れた性能を持つ代替薬品がなかなかみつかりません。

このうち、亜鉛めっきのクロメート処理が、六価クロムから、三価クロムによる化成処理に代わってきました。三価クロムによる化成皮膜は、透明感のある従来の光沢クロメート処理に代わるものと、従来の有色クロメートのように虹色の干渉色を示すものが開発され、自動車部品を中心に展開されています。従来の六価クロムの光沢クロメート皮膜にくらべて、三価化成皮膜は耐食性が優れ、また、耐熱性も優れています。装飾めっきでは、一部、自動車部品、家電製品を中心として、三価クロムめっきが用いられるようになってきましたが、従来の六価クロムからのクロムめっきに比べて、色調が黒っぽい、耐食性がよくないなどの欠点があり、まだ、六価クロムを含めるめっき浴が多く用いられています。工業用クロムめっきは、代替のめっきが難しく、六価クロムを用いるめっき浴のみしか使われていません。また、プラスチック上へのめっきのエッチングにも、高濃度の六価クロムが用いられていますが、安価で代替できる薬剤がまだ見つかっていません。無電解ニッケルめっき後の耐食性を向上させる目的で六価クロムを含む浴でクロメート処理が行われており、アルミニウムの化成処理皮膜にも六価クロムが用いられていました。これらの代替技術は開発されていますが、六価クロムに比べて、耐食性がよくありません。

六価クロム代替技術

要点BOX
- ●六価クロムによるクロメート処理から三価の化成皮膜に
- ●装飾用六価クロム浴からのめっきが三価クロム浴に
- ●プラスチックのエッチング、工業用クロムめっきは六価クロムが使用されている

六価クロム対策

六価クロムはなぜ使われるのか
- 安価で耐食性の優れた化成皮膜が得られる
- 六価クロム浴から得られるクロムめっきの方が、三価クロムから得られるクロムめっきより耐食性、耐摩耗性に優れる
- プラスチックのエッチング液は再生が可能である
（三価になった分を電解で六価にすることができる）

なぜ1000ppmか
- これはRoHSやELVで皮膜中の六価クロムが1000ppmまでと規制されている
- 当初、ELVでは六価クロムは含まれてはいけないことになっていたが、RoHSと同じ1000ppmまで可能となった
- 六価クロムが含まれているかどうかは製品を10分間沸騰水中におき、その溶液の六価クロムをジフェニールカルバシッド法で分析する

六価クロムの使用状況
- 亜鉛めっきのクロメート処理→三価クロムの化成処理
- 装飾用クロムめっき→三価クロムめっき浴
- プラスチック上へのめっきのエッチング液→よい代替技術がない
- 工業用クロムめっき→よい代替技術がない→（開発中）←困難

亜鉛めっき上に生成するクロメート皮膜と三価クロム化成皮膜

$x\text{Cr}_2\text{O}_3 \quad y\text{CrO}_3 \quad z\text{H}_2\text{O}$
―――――――――――――――
亜鉛めっき

クロメート皮膜（六価クロム）

$x\text{Cr}_2\text{O}_3 \quad y\text{CoO}_n \quad z\text{H}_2\text{O}$
―――――――――――――――
亜鉛めっき

三価クロム化成皮膜

用語解説

ジフェニールカルバシッド法：六価クロムを分析する比色分析法。

Column

人手と人材（人財）の確保

「企業は人なり」ということはわかっていても、中小企業、とくにめっき専業者の多くは人材（人財）の確保にあまり努力していないように思われます。巡回指導事業でめっき工場を訪問させていただいたときに、「なかなか良い人が来てくれない、新聞広告を出しても集まらない、何か良い方法がありませんか」と聞かれたことがあります。

大企業は優秀な人材を集めるために大変な努力をしているのに比べ、相手が来てくれるまで待つという消極的な姿勢です。おまけに、その会社は、①会社の外観が悪い、②作業環境が悪い、③労働時間が長い、④給与が低い、というように3拍子も4拍子もそろっていますので、よい人材が集まるわけがありません。

そこで先の質問に対して、「もし、あなたがいま大学生ならこの会社に勤めようと思いますか」とたずねました。せめて「自分の子供に後を継いでもらえるような会社にすることが、優秀な人材（人財）を確保する第一歩だと思います」と答え、さらに「優れた人材（人財）を集めたければ受け皿造りをしなければならないでしょう」と答えたことがあります。

また、人手と人材（人財）を混同している企業も多い。人手とは単純作業する人であり、人材（人財）とは会社を動かすことのできる人と定義したいと思います。めっき専業者の場合は人手不足の企業が多いように思われますが、人材（人財）不足の企業が多いように思われます。

そこで、人材（人財）確保に力を入れている例を紹介します。T社は大手のめっき専業の会社ですが、従業員の持っている能力を最大限引き出してやらなければ、本人にとっても不幸であるという考え方で、会社にとっても不幸であるという考え方で、OJT（on the job training）やOFF JT（off the job training）を徹底的に行っています。QC活動や改善提案を行わせ、持っている能力を最大限引き伸ばす努力をしています。また、このようにして、育成した人材（人財）を積極的に活用し、若くして管理職に登用する人事を行っています。

優秀な人材（人財）は自然発生的に生じるものではありません。人材（人財）を育てる努力が必要であることはいうまでもありません。人材（人財）を育成し、登用するというあたりまえのことがなかなかできていないように思われます。

第8章

これからのめっき技術

● 第8章 これからのめっき技術

60 めっきは精密加工

めっき発注の際の注意事項

めっきは精密な加工技術として用いられます。とりわけ、無電解めっきは、電気めっきと異なり、電流分布の影響がないので、複雑な形状の部品に均一にめっきできます。このような特性から、精密機械部品、精密金型、航空機部品、ねじなどに適用されています。

ある機械部品のシャフトに無電解ニッケルめっきを依頼され、15±1ミクロンの精度でめっきをしてほしいという要望がありました。めっき専業者に無電解ニッケルめっきを依頼したところ、めっき厚さが不足しているというクレームが発生しました。めっき厚さを測定すると、無電解ニッケルめっきはすべて正確に15±1ミクロンの精度で、めっきされていました。機械加工の精度にバラツキがあり、最終の寸法が合わなかったということで、クレームが発生しました。現在は、めっきする前に、素材の寸法を測定し、素材の寸法により、めっき厚さを変えています。素材加工の精度より、無電解ニッケルめっきの精度の方が優れていることが分かります。

このようにめっきは優れた性能を示しますが、めっきを発注する場合、めっきに適した発注の仕方をすればさらに性能を向上させることができます。そこで、めっきを発注するときの注意事項を述べたいと思います。

① どのような目的でめっきするのか、目的をはっきりさせることです。何のためにめっきしたいのか、どのような特性が欲しいのかが重要です。

② めっきの種類と選択はめっきの専門家、めっき専業者とよく相談することです。

③ めっきする数量、納期を正確に伝えることが必要です。小ロットの製品は値段が高くつきます。

④ めっき厚さの指定はどの部分で測定するかを事前に決めておくことも必要です。

⑤ めっき後の加工方法、品質評価方法も事前に決めておく必要があります。

要点BOX
- ●めっきはミクロン単位で加工できる
- ●めっき発注の際には、目的を伝えること
- ●品質評価基準も考えておくこと

見積に際しての必要事項

めっきの見積は、めっきの種類、素材、めっき厚さ、仕上げ状態、数量、製品形状が基本。優れためっきを、適切なコストで発注するためには、十分検討することが大切である

1. 目的
何のためにめっきを施こすのか（どのような特性を製品に付与したいのか）

2. めっきの種類
どのようなめっきを選ぶか。金めっきか、スズめっきか、それとも…

3. 数量・納期
発注量は何個（何kg）か。ロット数は。納期は

4. めっき膜厚
何μm指定か（製品の仕上げ寸法は？）、バラツキの許容度は。測定箇所は

ここで 5μm
ここは 1μm
ここで 5μm

5. 仕上げ状態
表面状態は光沢か半光沢か、それともつや消しか特殊な仕上げか

光沢　半光沢　つや消し

6. 材質
材質は何か。めっきに悪影響を及ぼす特殊な成分を多量に含有していないか。焼入れや焼もどしなどの熱加工は施こされているか。機械加工に使用した油の種類は。加工欠陥はないか

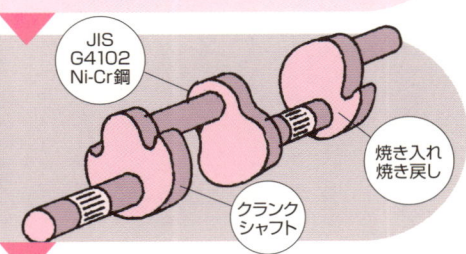

JIS G4102 Ni-Cr鋼
焼き入れ焼き戻し
クランクシャフト

7. 形状
治具取り付けを考慮した形状となっているか。エア抜き、液抜きの穴はあるか。角部や凹部にRがついているか。液がしみ込む構造になっていないか

61 外観のみでは判断できない

めっき製品を設計するために

装飾めっきは外観が重要であり、判定基準の第1位をしめますが、機能的なめっきでも外観で判断されることがあります。とくに、めっきを発注するメーカーで、購買担当者がめっきのことがよくわからず、外観だけで判断してしまいがちです。過度の光沢を持たせた製品はめっき皮膜の物性がよくありません。

例えば、光沢ニッケルめっき皮膜で超レベリング作用を持たせた光沢剤はめっき皮膜の応力を大きくして、割れやすいという欠点があります。さらに皮膜中の応力を減少させるためにイオウ分を皮膜中に多く取り込んでいるので、耐食性がよくない場合が多いのです。めっきする製品を設計するときの、注意事項を二、三述べたいと思います。

① ラックを使ってめっきする場合には、ラック跡が残ります。ラックに引っ掛けやすい形状に設計するとよいでしょう。亜鉛めっきの場合には、穴をあけるとずいぶん能率があがります。

② めっきする製品がカップ状になっているとめっき液の持ち出しが多く、また、めっき時に発生するガスが抜けなく、めっきがつかないことがあります。液抜きガス抜きの穴をあけます。

③ 製品の一部に極端な突起がありますと電気めっきの場合には、先端部分に電流が集中してめっき厚さが極端に厚くなり、不均一な厚さ分布になります。

④ スポット溶接したもの、はめあいのあるもの、合わせ目のあるもの、折り返しのあるものは隙間部分にめっき液が浸入して、あとからにじみ出てきて腐食の原因になります。避ける方が賢明です。

⑤ めっきする素材で、異種のものを使用するとめっきが難しくなり、不良の原因になります。例えば、鉄と黄銅を組み合わせや、ステンレスとアルミニウムを組み合わせるとめっきが難しくなります。製品を設計する方々にもめっきのことをよく知ってもらいたいと思います。

要点BOX
- ●外観がよいものは物性に注意
- ●めっきしやすい設計にする
- ●異種の金属を使わない

めっきに適したデザイン

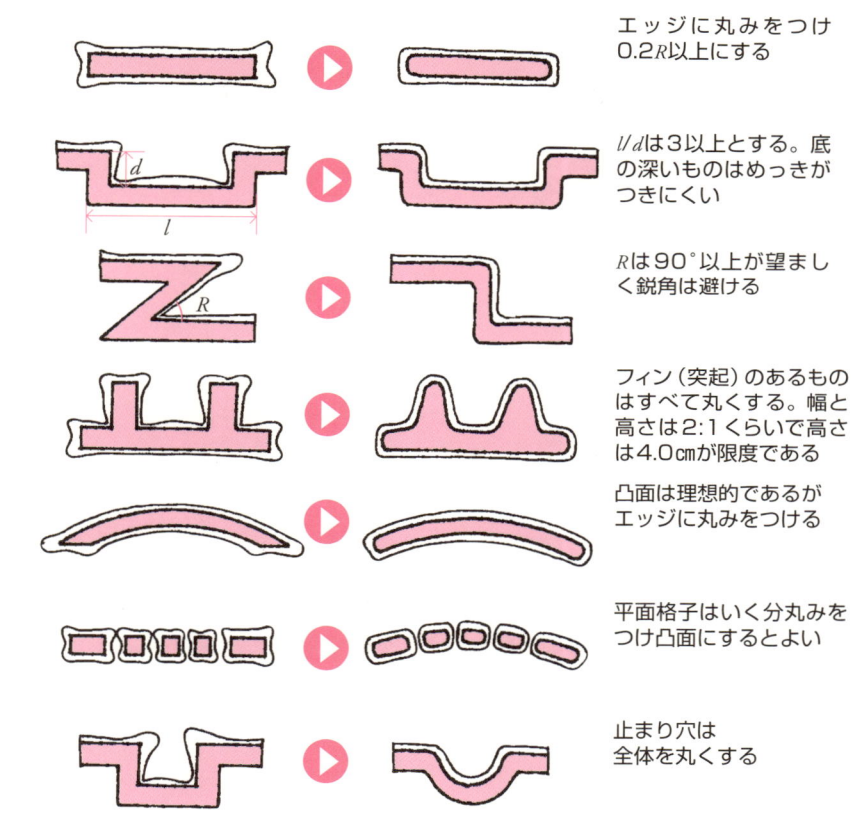

エッジに丸みをつけ 0.2R以上にする

l/dは3以上とする。底の深いものはめっきがつきにくい

Rは90°以上が望ましく鋭角は避ける

フィン（突起）のあるものはすべて丸くする。幅と高さは2:1くらいで高さは4.0cmが限度である

凸面は理想的であるがエッジに丸みをつける

平面格子はいく分丸みをつけ凸面にするとよい

止まり穴は全体を丸くする

異種金属組合せ部品

黄銅製品に軟鋼のねじを取りつけている。酸処理の時に鉄と黄銅が接触している部分が局部電池作用で溶解して大きなすき間ができ、めっき液が入ってしまう。

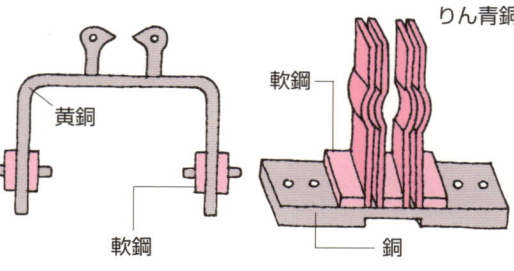

黄銅／軟鋼

りん青銅（ばね）
左図と同じ理由で軟鋼部分が溶解しやすく、粗化されやすい。また、酸処理液に銅が溶解すると鉄上に密着性の悪い置換めっきが析出する。

軟鋼／銅

用語解説
超レベリング作用：通常のレベリング作用より、薄いめっき層で優れたレベリング作用を示すこと。

● 第8章 これからのめっき技術

62 徹底した品質管理

優れた品質の工場に仕事が集中

アメリカの製造業が復活してきたのは、日本の品質管理手法を取り入れ、さらに優れた品質管理システムを構築できたからだといわれています。日本の製造業も巻き返しを図るために、より一層品質の厳しいものが要求されると思われます。めっき業の技術はつきつめていえば、品質管理技術だと思います。徹底した品質管理を行っているめっき専業者は付加価値が高く、めっきがついておればよいというような製品を扱っているめっき業者は付加価値が低くなるのは当然のことです。

「品質管理を行っていても、ユーザーが評価してくれない」と嘆く、めっき専業者が数多くいますが、このように嘆くめっき専業者は品質管理に対する取組みが十分でなく中途半端な場合が多いようです。

従業員40名規模の亜鉛めっきを行っているT社は、徹底した品質管理を行っています。すべての製品の表面積を計算して、バーコードにより伝票に記載し、自動めっき装置に投入する前にバーコードリーダにより、読み取らせると自動的に電流値などが設定されるように設計されています。めっき液、脱脂液、活性化液などのすべての処理液もバラツキを少なくするためにワンラック、およびワンバレルごとに自動補給され、めっき製品の仕上がりを均一化するための工夫がなされています。

また、脱脂液、活性化液などは処理量から更新時期の指示を行い、更新する方法をとっています。品質管理が必要であることはわかっていても、ここまで徹底した品質管理を行っている工場は、電子部品のめっきを行っている工場でもほとんどなく、T社は品質管理グレードが高いことがわかります。それがユーザーに高く評価されています。

これから、品質管理のグレードが上がれば上がるほど、付加価値が高くなる、品質管理できない工場は受注できなくなるということを肝に銘じておかなければならないと思います。

要点BOX
- ●徹底した品質管理で付加価値が生じる
- ●めっき業は管理技術を購入してもらう業種
- ●工程管理装置を開発している工場

なぜ品質管理が必要か

品質管理
- 誰がめっきしても不良を作らないシステムの構築
- めっき液などの処理液の濃度を一定にする
- 徹底した品質管理を行えば行うほど付加価値があがる
- めっき業は「管理技術を買ってもらうサービス業である」と認識する
- 管理技術の高いところに仕事が集中する

自社で開発した工程管理装置により、めっきする条件、めっき液の更新指令などきめ細かい工程管理を行っている

● 第8章 これからのめっき技術

63 積極的な技術開発

ニーズに対応した技術

めっきを発注する企業の海外展開あるいは海外で生産されたものを調達することにより、めっきの需要は確実に減少しており、とくに、ニッケル-クロムのいわゆる装飾めっきの減少が著しい。この打開策としては、「新しい技術開発しか、生きる道がない」というのはめっきを含め、多くの下請け中小企業の認識です。新しい仕事に対応できないために、会社を変えることができず、ジリ貧になっている工場が大都市近郊の廃業するめっき専業者のパターンであるといえます。

一方、行動力があり、技術開発をする優秀な従業員を持っている工場はユーザーニーズに対応でき、次の核となる新しい仕事に結びつけています。

N社はもともと、装飾めっきの工場でしたが、まだ利益が出ている段階で、機能的なめっきに転換して、成功しています。ステンレスナットの内面に均一にめっき加工する技術など、次々に新しい技術を開発し、現在は100％機能めっきを行っています。N社の社長は、「めっき専業者はお互いに、足の引っ張りあいをしている。自社技術がないものだから、価格の競争をし、安かろう、悪かろうの結果になり、ひいてはめっきに対する信頼を失っている」と述べられていました。

めっき業の新しい技術開発とは、客先のニーズに対応できることであると思います。もっと、平たく言えば、依頼されたサンプルづけができることであり、数多くのサンプルづけの中に次の核となる仕事が含まれている場合が多いようです。例えば粉末や微粒子にめっきするなどです。

中国を初めとする海外展開しているためめっきを依頼しているメーカーが工場を日本に移す動きが出てきました。海外に進出して、めっきの品質が悪いこと、新しい技術に挑戦しないことなどが主な理由です。とくに、管理技術が必要な製品は国内で生産するという傾向が出てきました。優れた品質管理が製造業の海外展開を阻止しているともいえます。

要点BOX
- ●新しい技術開発を行う
- ●大量生産品は発展途上国との価格競争
- ●客先のニーズを集める

ニーズに対応しためっき技術

ニーズに対応した技術開発するためには

- 技術内容のわかった営業員をおき、ニーズを発掘する
- そのニーズに対し、迅速に研究開発する
- あらゆるめっきに対応できる試作室をつくる
- 年間売り上げの10％は新しく開発した製品で占めることができるように目ざす

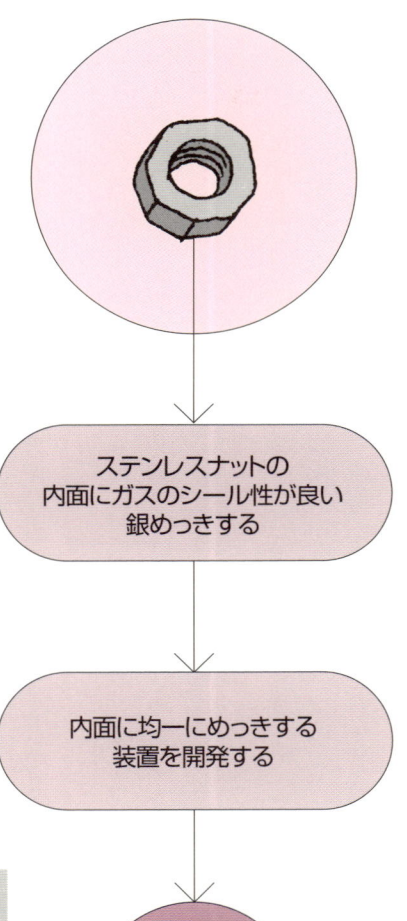

```
    [ステンレスナット画像]
         ↓
 ステンレスナットの
 内面にガスのシール性が良い
 銀めっきする
         ↓
 内面に均一にめっきする
 装置を開発する
         ↓
      独自技術
```

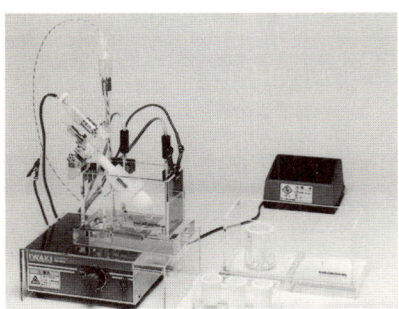

微細な製品のバレルめっき装置（電解めっき用）
（㈱山本鍍金試験器提供）

● 第8章　これからのめっき技術

64 精密電鋳

めっきを利用したものづくり

電鋳とは、めっき皮膜を厚くつけた皮膜をはく離して、そのはく離した皮膜を利用する方法です。大変精密に素材の凹凸を転写できるので、多くの分野で活用されています。ビデオディスクの成形のスタンパ、精密な金型、金属スクリーン、電気かみそりの刃などに応用され、めっきを利用したものづくりといえます。

その特長は、①木目、皮模様など微細な凹凸を正確に転写できる（転写性能が最も優れている）、②円筒形、中空部品など継ぎ目なしの形状で製作できる、③仏具、美術工芸品などを精密に複製できる、などです。が、その反面、①製造するために時間がかかる、②厚さが均一になりにくい、③めっき皮膜の応力が問題になる、などの欠点もあります。

しかしながら、精密部品、小型微細部品などを製作するためには、必要不可欠な技術であり、航空機部品、原子力開発部品、マイクロマシンの分野で重用されています。

電鋳は、母型（マスタ、マンドレルと呼ばれる）に厚いめっきを行い、母型からはく離して、逆パターンの製品を作成します。母型と同じ形状の製品を得たい場合にはさらにその上にめっきして、はく離して製品にします。図にビデオディスクスタンパの製作工程を示します。

電鋳には、銅めっき、ニッケルめっき、銀めっき、金めっきなどが用いられますが、最も多く用いられるのは、ニッケルめっきです。ニッケルめっきは、めっき皮膜の応力の調整がしやすいスルファミン酸ニッケルめっき浴が選定されています。

最近、マイクロマシンが注目されています。血管中を走るカテーテルのような機械のねじや歯車は微細かつ精密に作製しなければなりません。そのために、電鋳技術を応用したマイクロマシンの製作なども行われています。

要点BOX
- ●正確に凹凸を転写できる
- ●継ぎ目なし構造のものが作成できる
- ●精密に複製できる

電鋳方法とその特長

ビデオディスクスタンパ製作工程

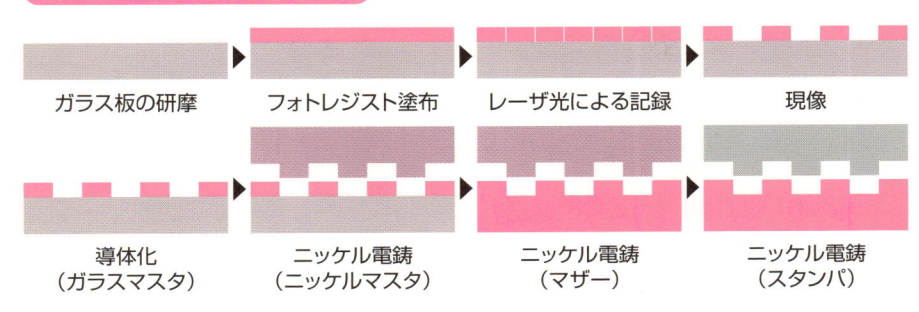

| ガラス板の研磨 | フォトレジスト塗布 | レーザ光による記録 | 現像 |

| 導体化（ガラスマスタ） | ニッケル電鋳（ニッケルマスタ） | ニッケル電鋳（マザー） | ニッケル電鋳（スタンパ） |

スタンパおよび成形ディスク

スタンパ（成形金型）　　成形ディスク

ガラス板にフォトレジストを塗布してレーザ光をあてて、現像する。
その上にニッケルを厚めっきしてニッケルマスタを作成する。これをマザーにして、もう一度ニッケル電鋳して成形用金型スタンパを作成して、それによりビデオディスクを成形する。電鋳は小さな凹凸を精密に再現できるので精密部品に多く適用されている。

特長
☆木目、皮模様など微細な凹凸を正確に転写
☆円筒形、中空部品など継ぎ目なし形状で製作
☆仏具、美術工芸品などを精密に複製できる

欠点
☆製造に時間がかかる
☆厚さを均一にしにくい
☆めっき皮膜の応力が問題

用途
☆めっき皮膜を厚くつけ素材から析出させた皮膜を剥離して、その剥離した皮膜を利用するため、精密に素材の凹凸が転写できる
☆精密部品、小型微細部品の製作に応用
☆航空機部品、原子力開発部品、マイクロマシン分野で重用

65 さらに広がるめっきの世界

21世紀のキーワードは環境、創造、情報だといわれています。めっき業界のキーワードは微細化、精密化、高機能化であると考えています。したがって、このようなトレンドに合う研究課題は積極的に取り組む必要があります。

微細化の事例では、樹脂の球にめっきを行い銅ボールの代わりに用います。この銅ボールは、径により用途が異なり、BGA(ボールグリッドアレイ)接続のためのボールになります。さらに、細かい粒子になると導電性塗料の導電材料として使えます。銅ボールより軽いので分散しやすく、粒子が細かいと導電性が高くなるという利点があります。化粧品にすべり性をよくするためにナイロン球が加えられていますが、この球に銀めっきすると紫外線から肌を護る役目をします。このように小さなものにめっきをするという用途がこれから増えると思われます。

机の上でめっき加工した製品がトラック一杯に積んだめっき製品よりも、売り上げが大きいという事例が現実にあります。精密化の事例としては、シリコンのチップにバンプを形成させる技術があります。これまで、この加工はICを製造するメーカーで行うと思われていましたが、めっき専業者にも降りてきています。クリーンルームでめっきするなどの設備投資が必要ですが、これから量的に期待できると思われます。

高機能化の事例では、めっき皮膜の応力を制御した、精密電鋳技術が注目されています。マイクロマシン、精密金型、光ファイバ接続用の金属フェルール、金属ベローズなどがめっき技術を応用して作られています。自動車用電子部品などもより高機能化が求められています。めっきは先端技術を支えるキーテクノロジーだといわれています。新しい研究開発は、材料の表面特性が鍵になります。これからのめっきは微細化、精密化、高機能化を目指して、新しい研究開発を行うべきだと考えています。

要点BOX
- ●21世紀のキーワードは環境・創造・情報
- ●21世紀のめっきのキーワードは微細化・精密化・高機能化
- ●精密化、高機能化は時代の流れ

未来を拓くめっき技術

21世紀のキーワード

- 環境
- 創造
- 情報

これからの**めっき**のキーワード

- 微細化
- 精密化
- 高機能化

> めっきは先端技術を支えるキーテクノロジーだといわれています。新しい研究開発は、材料の表面特性によるところが大きいので、めっきの世界はますます広まるものと考えています

用語解説

マイクロマシン：精密・微細な機械。
金属フェルール：光ファイバ接続用のコネクタ。
BGA：ピンで接合していたものをボールで接合する手法。

Column

めっき業の研究開発

N社は昭和45年頃、従業員80名位を有する中堅のめっき専業者でした。主に家電製品の銅→ニッケル→クロムめっきを行っていました。いわゆる装飾めっきの向上に力を入れ、大きな自動めっき装置を導入して、大量に処理する方式を選択しました。その後、家電製品にめっきがあまり使われなくなってきたこと、家電メーカーが発展途上国に生産を移したことなどにより極端に仕事量が少なくなり、昭和60年頃自動めっき装置を廃止して、従業員も20名に減少させました。それでも、凋落傾向に歯止めをかけることができず、現在、従業員5名で細々と営業している状態です。

Y社は昭和38年に創業したN社に比べて新しい会社であり、昭和45年には従業員わずか5名くらいでした。Y社の社長は、「装置、機械はいつでも買えるところが大きい。ところが、優秀な人材（財）を得ることが先決である」との考えで、まだ、従業員が10名未満の時から大学卒の技術者を採用し、社内あるいは社外で徹底的に教育し、人材（財）として育てあげました。そのような技術者が中心になって、細管内にめっきする技術を開発し、今でもY社のメインの仕事になっています。Y社はその後も、優れた人材（財）を確保し、電子部品関連の新しい研究開発を続け、現在、従業員80名以上の中堅のめっき工場となっています。

このN、Y両社の違いがめっき業の技術開発力の差を示していると思われます。すなわち、①中小企業の技術開発力は企業規模の大小ではなしに、経営者の意識による ところが大きい、②現在の仕事が未来永劫続くものと錯覚し、新しい仕事に取り組まないため、気が付いたときには打つ手がない、③装置、機械の投資よりも、新しい技術開発が会社の発展を左右する技術（財）の確保が重要、④新しい技術開発が会社の発展を左右する、などが読み取れます。

「これから中小企業が生き残るためには、新しい技術開発が必要である」とよくいわれますが、めっき専業者が行う技術開発はそんなに先端的な技術でなくても、営業員が探してきたユーザーの要望に応えることのできる技術であればよいと思います。例えば、アルミナセラミック上へのめっきのように新しい素材の上へのめっきなどがその典型です。

【参考文献】

① 「いま、めっきがおもしろい」榎本英彦著　表面処理工業新聞社刊　2002年4月
② 「めっき教本」電気鍍金研究会編　日刊工業新聞社刊　1986年9月
③ 「合金めっき」榎本英彦、小見　崇著　日刊工業新聞社刊　1987年7月
④ 「複合めっき」榎本英彦、古川直治、松村宗順　日刊工業新聞社刊　1989年8月
⑤ 「機能めっき皮膜の物性」電気鍍金研究会編　日刊工業新聞社刊　1986年4月
⑥ 「無電解めっき」電気鍍金研究会編　日刊工業新聞社刊　1994年5月
⑦ 「めっき技術マニュアル」神戸徳蔵他　日本規格協会　1987年9月
⑧ 「新素材のめっき技術の開発」榎本英彦他　全国鍍金工業組合連合会　1985年2月
⑨ 「電子部品のめっき技術」榎本英彦、中村　恒　日刊工業新聞社刊　2002年8月
⑩ 「めっき技術講座」榎本英彦、縄舟秀美、篠原長政　日刊工業新聞社刊　1990年12月
⑪ 「実践めっき技術講座」榎本英彦、縄舟秀美　日刊工業新聞社刊　1992年12月
⑫ 「環境調和型めっき技術」電気鍍金研究会編　日刊工業新聞社刊　2004年1月
⑬ 「次世代めっき技術」電気鍍金研究会編　日刊工業新聞社刊　2004年11月
⑭ 「石田武男先生追悼集」全国鍍金工業組合連合会、1991年7月
⑮ 「楽しいめっき」全国鍍金工業組合連合会、1992年4月
⑯ 「電気めっきガイド」全国鍍金工業組合連合会、1988年1月
⑰ 「やさしいめっき読本'97」青年鍍金研究会、1997年11月

マトリックス ———————————28
無電解銅めっき ———————————92・96
無電解ニッケルめっき ———————————92・94
無電解めっき ———————————24
メタンスルホン酸浴 ———————————84・86
めっきを発注するときの注意事項 ———142
めっきする製品の設計 ———————————144
めっきの適用範囲 ———————————18
めっきの利点 ———————————16
めっきは外観 ———————————144
めっき皮膜の物性 ———————————144
めっきん 滅金 ———————————10

ラ

ラック ———————————38
リードフレーム ———————————46・54
リール・ツー・リールめっき ———————42
硫酸銅浴 ———————————68・70
硫酸浴 ———————————84・86
緑色クロメート ———————————82
りん青銅 ———————————110
りん含有率 ———————————94
レベリング作用 ———————————70
六価クロム ———————————138

ヤ

有色クロメート ———————————82
陽極溶解剤 ———————————22
溶融めっき ———————————14
42アロイ ———————————108

ワ

ワット浴 ———————————72

自動めっき装置	38
ジュールニッケルめっき	128
潤滑めっき	64
純スズめっき	136
焼結合金	108
触媒	24
触媒化工程	116
ジンケート処理	112
ジンケート浴	80
浸漬脱脂浴	102
水素過電圧	124
水素脆性	102
スズ入り銅	110
スズ―銀合金めっき	136
スズ―ビスマス合金めっき	136
スズめっき	84
ストライク銀めっき浴	90
スマット	106
スマット除去	106
スルーホールめっき	52
スルファミン酸浴	72
静止めっき	38
精密化	152
析出電位	26
接触抵抗値	48
セラミックス	118
装飾めっき	32
装飾用めっき	30

タ

耐摩耗性	60・64
置換めっき	24・112
中間のめっき	32
中性浴	88
鋳鉄	108
低炭素鋼	106
ディッピング処理	104
電解脱脂法	102
電気めっき	22
電気的特性	37
電気伝導性	48
電子部品	48
電鋳	150
電流効率	122
銅→ニッケル→クロム	30

銅めっき	68

ナ

鉛フリーのはんだ代替めっき	136
2回置換	112
二重ニッケルめっき	56・74
二重ニッケルめっき法	126
ニッケル→クロム	30
ニッケルめっき	72
ニッケル―りん／PTFEの複合めっき	60

ハ

パネルめっき法	52
バレルめっき	40
半光沢ニッケルめっき	126
半光沢めっき浴	74
微細化	152
ピックリング処理	104
ヒーフ浴	78
被覆力	76
ビロード調のニッケルめっき	62
ピロリン酸銅浴	68
品質管理技術	146
品質評価方法	142
ファラデーの法則	122
フープめっき	42
複合めっき	28
腐食電流	128
フッ化物浴	78
フリップチップ実装技術	54
プリント配線板用スルーホール銅めっき	70
プリント配線板	50
ベリリウム銅	110
防食用のめっき	34
ボンディング	46

マ

マイグレーション	90
マイクロポーラス	56・128
マイクロマシン	150
前処理	100

索引

英字・数字

ABS樹脂 —————————————114
ELV ————————————————134
pHの緩衝剤 ——————————————22
PTFE ————————————————28
RoHS ———————————————134
TAB実装技術 ——————————————54

ア

亜鉛系合金めっき ——————————58
亜鉛めっき ——————————————80
厚付けタイプの無電解銅めっき浴 ————96
アディティブ法 ————————————50
アルミニウム素材へのめっき ——————112
イオウ快削鋼 ————————————108
イオン化傾向 ————————————34・124
1クーロンの電気量 ——————————122
1ファラデー —————————————122
ウイスカ ———————————————84
薄付け浴 ———————————————96
エッチング工程 ——————————114・116
エンジニアリングプラスチック —————114

カ

快削黄銅 ——————————————100
回転バレル ——————————————40
界面活性剤 ——————————————28
還元剤 ————————————————24
乾式めっき ——————————————14
機械的特性 ——————————————37
技術開発 ——————————————148
機能めっき ——————————————36
キャタリスト溶液 ——————————116
局部電池作用 —————————————30
金アマルガム —————————————12
均一電着性 ——————————————76
金属化したセラミックスにめっき ————118
金属化していないセラミックスにめっき ——118
金めっき ——————————————88
銀めっき ——————————————90
クロム化合物 ————————————132
クロムめっき —————————————76
クロメート処理 —————34・58・80・138
傾斜バレル ——————————————40
公害の元凶 —————————————132
高機能化 ——————————————152
工業用クロムめっき ——————64・76・78
合金めっき ——————————————26
光沢クロメート ————————————82
光沢ニッケルめっき ———————74・126
黒色クロメート ————————————82
高炭素鋼 ——————————————106
工程管理装置 ————————————146
小型微細部品 ————————————150
コネクタ ———————————————42
コンピュータ —————————————46

サ

サージェント浴 ————————————78
サチライトニッケルめっき ——————62
サブトラクティブ法 ——————————50・52
酸化還元電位 ——————————26・124
三価クロムによる化成皮膜 ——58・82・138
三価クロムによるクロムめっき —————76
三価クロムめっき ——————————138
酸化物層 —————————————104・106
酸処理 ———————————————104
酸性スズめっき浴 ———————————86
酸性浴 ————————————————80・88
仕上げめっき —————————————32
次亜りん酸塩 —————————————94
シアン化合物 ————————————132
シアン化銅浴 —————————————68
シアン化銅ストライクめっき ————112
シアン化物浴 —————————————80
自己触媒めっき ————————————24
湿式めっき法 —————————————14
自動車用装飾めっき ——————————56
自動車用の機能めっき ————————60
自動車用の電子部品 ——————————60
自動車用の防食めっき ————————58
自動補給 ——————————————146

今日からモノ知りシリーズ
トコトンやさしい
めっきの本

NDC 566

2006年9月28日 初版1刷発行
2008年1月10日 初版5刷発行

©著者	榎本英彦	
発行者	千野 俊猛	
発行所	日刊工業新聞社	
	東京都中央区日本橋小網町14-1	
	（郵便番号103-8548）	
	電話 書籍編集部	03（5644）7490
	販売・管理部	03（5644）7410
	FAX 03（5644）7350	
	振替口座 00190-2-186076	
	URL http://www.nikkan.co.jp/pub	
	e-mail info@tky.nikkan.co.jp	
印刷・製本	新日本印刷（株）	

●DESIGN STAFF
AD────────志岐滋行
表紙イラスト────黒崎 玄
本文イラスト────輪島正裕
ブック・デザイン──川内 連
　　　　　　　　（志岐デザイン事務所）

落丁・乱丁本はお取り替えいたします。
2006 Printed in Japan
ISBN　4-526-05739-8　C3034

Ⓡ〈日本複写権センター委託出版物〉
本書の無断複写は、著作権法上の例外を除き、
禁じられています。
本書からの複写は、日本複写権センター
（03-3401-2382）の許諾を得て下さい。

●定価はカバーに表示してあります

●著者略歴

榎本英彦（えのもと・ひでひこ）

1965年3月和歌山大学学芸学部卒業。1965年4月大阪市立工業研究所無機化学課金属表面処理研究室研究員勤務。1996年4月同研究所無機化学課長、2002年3月大阪市立工業研究所退職。2002年4月有限会社ファイブイー研究所設立、所長として現在に至る。
工学博士（大阪府立大学）1982年7月に取得。
めっきの現場に精通し、技術指導・経営相談などコンサルタントとして全国各地の企業を駆け回る。めっきに関する研究に従事する。

主な公職
表面技術協会理事、監事、関西支部長を歴任。現在、電気鍍金研究会会長。

主な著書
合金めっき（共著、日刊工業新聞社）、めっき教本（編著、日刊工業新聞社）、複合めっき（共著、日刊工業新聞社）、めっき技術マニュアル（共著、日本規格協会）、無電解めっきの基礎と応用（共著、日刊工業新聞社）、いま、めっきがおもしろい（表面処理工業新聞社）、電子部品のめっき技術（共著、日刊工業新聞社）、環境調和型めっき技術（共著、日刊工業新聞社）、次世代めっき技術（共著、日刊工業新聞社）など多数。

今日からモノ知りシリーズ
〈B&T ブックス〉

トコトンやさしいプラスチックの本
本山卓彦　平山順一 著　A5判160頁　定価1470円

トコトンやさしいセンサの本
山﨑弘郎 著　A5判160頁　定価1470円

トコトンやさしい超微細加工の本
麻蒔立男 著　A5判160頁　定価1470円

トコトンやさしい粉の本
山本英夫　伊ケ崎文和　山田昌治 著　A5判160頁　定価1470円

トコトンやさしいガラスの本
作花済夫 著　A5判160頁　定価1470円

トコトンやさしい変速機の本
坂本 卓 著　A5判160頁　定価1470円

トコトンやさしいモータの本
谷腰欣司 著　A5判160頁　定価1470円

日刊工業新聞社